ABORDAJE DE LA PATOLOGIA DIGESTIVA DESDE PRIMARIA

ABORDAJE DE LA PATOLOGÍA DIGESTIVA DESDE PRIMARIA

Fernando Manuel Jiménez Macías

Médico adjunto Aparato Digestivo

Complejo Hospitalario Universitario de Huelva
(España)

Lulu.com
2016

Título original: Abordaje de la patología digestiva desde primaria.

Copyright © 2016 by Fernando Manuel Jiménez Macías

All rights reserved. This book or any portion thereof may not be reproduced or used in any manner whatsoever without the express written permission of the publisher except for the use of brief quotations in a book review or scholarly journal.

First Printing: Mayo 2016

ISBN: 978-1-326-65709-3

Lulu.com
Huelva, Andalucia, España (Spain)

ferjimenez2@gmail.com

Dedicatoria

*A todos aquellos que me apoyaron
y me animaron a llegar a ser lo que soy.*

*A mi mujer, que me dio los dos hijos
tan lindos que tengo
y llenarme de ilusión cada día.*

*A mis queridos padres, a los que estaré eternamente
agradecido y les debo todo lo que hoy en día soy.*

Contenido

Agradecimientos ixi

Prefacio xv

Introducción 15

Capítulo 1: Disfagia 19

Capítulo 2: Dispepsia ERGE 26

Capítulo 3: Náuseas y vómitos... 38

Capítulo 4: Infección por Helicobacter Pylori 44

Capítulo 5: Diarrea aguda y crónica 50

Capítulo 6: Estreñimiento agudo y crónico... 73

Capítulo 7: Colitis ulcerosa 82

Capítulo 8: Enfermedad de Crohn 113

Capítulo 9: Sindrome constitucional... 132

Capítulo 10: Ictericia 195

Capítulo 11: Hipertransaminasemia 211

Capítulo 12: Hepatopatia alcohólica y síndrome abstinencia 235

Capítulo 13: Manejo y profilaxis Hepatitis virales 266

Capítulo 14: Esteatohepatitis no alcohólica 307

Capítulo 15: Cirrosis hepática y descompensaciones 312

Capítulo 16: Lesiones ocupantes espacio hepáticas y hepatocarcinoma 322

Capítulo 17: Manejo trasplantado hepático....344

Referencias bibliográficas........................360

Notas...368

Agradecimientos

Muchas gracias a mi mujer Isabel María y mis dos hijos, Fernando e Isabel, por haber cambiado mi vida, llenándola de felicidad y amor. A mi jefe de unidad, Dr. Manuel Ramos Lora. A mis compañeros y amigos de la Unidad de Gestión Clínica de Aparato Digestivo del Complejo Hospitalario de Huelva. Sin olvidar, todo lo que debo a mis padres por su cariño a lo largo de toda mi vida.

Prefacio

Como sabemos la medicina va cambiando a una velocidad muy importante que hace que poder asimilar todos los conocimientos nuevos que van surgiendo, si ya es complicado para los propios facultativos especialistas de una determinada material, podeis imaginaros de que forma impactan estos cambios en la formación de un medico de familia o de cabecera, el poder abarcar y conocer de forma resumida y práctica toda esta información médica que diariamente nos inunda.

Esa ha sido la idea de realizar esta obra, pues los medicos de familia son un pilar básico en cualquier sistema sanitario, bien sea publico o privado, y la formación es fundamental cuidarla durante todo el tiempo de desarrollo profesional, con objeto de que sus pacientes reciban la asistencia sanitaria mejor posible, basada en la evidencia científica y con la base de mi experiencia como especialista en Aparato Digestivo.

En esta obra mostramos las patologías digestivas más prevalentes que puede un medico de familia afrontar en su consulta diaria, siendo consciente que sus recursos diagnósticos y terapéuticos están claramente más limitados que el facultativo especialista en Digestivo y será fundamental hacer una orientación diagnostica inicial dentro de sus posibilidades, intentando hacer una gestión eficiente de estos recursos, pero también sin olvidar que tiene que intentar detector cuándo la clínica de ese paciente sugiere gravedad y cuál es banal, para lo cual es funda mental su experiencia y el grado de asesoramiento que pueda recibir de la Atención Especializada de Digestivo.

Desafortunadamente, actualmente el medico de familia está muy presionado por el Director de Unidad de Gestión Clínica de Atención Primaria, con objeto de que no consuma recursos diagnósticos fuera de la media que tienen sus compañeros en el centro de salud, y de hecho la remuneración que reciben al año en relación a su productividad (objetivos por consumo farmaceútico, derivaciones al especialista, etc) está modulada por el grado de cumplimiento de sus objetivos. Aunque esto es importante cuidarlo, tampoco podemos realizar una asistencia inadecuada a nuestros pacientes, con objeto de agradar a nuestro jefe, hacienda una praxis que en ocasiones, se alejaría de lo deseable para obtener el mejor enfoque diagnostico y terapeútico a nuestros pacientes.

Ese es el objetivo principal de esta guía, intentar que estés lo mejor formado en patología digestiva y te sirva para asesorarte, con objeto de que seas un buen gestor, pero sobre todo mejor medico.

Dr. Fernando M. Jiménez Macías

Introducción

Esta obra se basa sobre la patología más prevalente que puede afrontar un medico de cabecera o familiar en su práctica diaria. Abarca desde patologías tan prevalentes como la dispepsia, que puede ser funcional u organica, el manejo de la infección por Helicobacter Pylori, el dolor abdominal crónico, cambio del hábito intestinal (diarrea o estreñimiento crónico), como patología crónica como el manejo de pacientes cirróticos y sus complicaciones (ascitis, insufiencia renal, encefalopatia hepática minima), así como patología digestiva grave, que va a ser fundamental que detectes de forma precoz, pues tu paciente tendrá un riesgo vital no despreciable y que si no actuas adecuadamente, puede tener consecuencias clínica, a veces irreversible, sin olvidar, posibles demandas legales que pueden surgir y hay que prevenir siempre que se pueda.

Entre las patologías urgentes, podemos destacar la hemorragia digestiva, dolor abdominal agudo (pancreatitis aguda, colangitis aguda, colecistitis aguda), hepatitis aguda severa, isquemia mesentérica aguda o disección aortica abdominal, etc. Son patología que tienes que pensar en ellas y que cuando las sospeches, debes planificar una atención integral y organizada, que te ayuden al traslado en buenas condiciones de seguridad para tu paciente con las medidas terapéuticas adecuadas a cada situación.

No nos olvidamos de la patología digestiva de la gestante, de lospacientes con enfermedad inflamatoria intestinal (enfermedad de Crohn o colitis ulcerosa), que no suelen acudir mucho a las consultas de primaria, salvo que no sea para que le prescribas medicamentos ya solicitados previamente por el especialista de Aparato Digestivo, pero que es bueno que conozcas los últimos cambios ocurridos y que son muchos en estas patologías, y que deberías conocer, al menos por encima, así como los pacientes que han sido incluidos en lista de espera de trasplante hepático o ya hayan sido trasplantados, y que hay que cuidarlos de posibles infecciones en paciente inmunodeprimido, están polimedicados con fármacos inmunosupresores (azatioprina, ciclosporina, micofenolato, etc).

Así que espero que te guste el reto que te oferto con este manual, para que intentes aprobecharlo al máximo, con objeto de estar al día en estas patologías que manejo a diario en mi práctica clínica, intentando que mi experiencia te sea de la mayor utilidad posible.

Dr. Fernando M. Jiménez Macías

Capítulo 1: Disfagia

Este síndrome afortunadamente no es un cuadro clinico que vayas a encontrarlo frecuentemente en la consulta de primaria. Lo primero de todo es hacer algunas preguntas a tu paciente en la anamnesis claras, que orientarán al tipo de derivación y forma que debes realizar.

En primer lugar, la disfagia hay que aclarar que si un cuadro clinico que lleva con ella durante mucho tiempo ocurriendole de forma ocasional, desde hace bastantes meses, y generalmente te comentará con líquidos y ocasionalmente a sólidos y que se autolimita en la ma- yoría de las ocasiones. Esto probablemente apoyaría más bien a un diagnostico sindrómico benigno no tumoral.

En este caso lo importante que el paciente no esté desnutrido, que sean episodios aislados, que no está repercutiendo nutricionalmente a nuestro pacientes. Sería recomendable preguntar a nuestro paciente si tiene patología de rinitis alérgica o bronquitis asmática, si tiene pirosis o regurgitación de alimentos, si tiene ronquera o tos crónica durante el día cuando se levanta. En caso de rinitis alérgica habría que descartar una esofagitis eosinofílica, por ejemplo, y si el paciente tiene pirosis o episodios de neumonía aspirativa coincidiendo con una disfagia intermitente, podría ser una estenosis peptica. De forma más infrecuente, estos pacientes podrían tener trastornos motores esofágicos (peristalsis esofágica sintomática, acalasia) asociados en algunos casos a episodios también de dolor torácico de larga duración, generalmente más de 30 minutos, de características atípicas (no irradiado a brazo izquierdo, que se reproduce cuando come, especialmente bebidas frias o muy calientes).

En otros casos, el paciente comentará que la disfagia ocurre cuando come sobre todo alimentos sólidos, y en fases ya avanzadas también líquidos, que ha ido evolucionando de forma progresiva, cada vez te cuenta que le cuesta más trabajo que el bolo alimenticio baje y se lo note que ha llegado a estómago, teniendo que ayudarse inicialmente con agua o líquidos y últimamente ya ni con eso.

Además, habrá que preguntarle si tiene pérdida de peso rápida en los últimos 3 meses, si ha tenido algún episodio de sangrado por la boca o alimentos con restos hemáticos o ha manchado la almohada. En este caso su evolución progresiva y rápida con afectación del estado general, te obligará a descartar una neoplasia esofágica. En este caso, tendrás que remitir a este paciente de forma preferente para que el Digestivo programe una endoscopia oral preferente, que lo descarte.

Este diagnostico tendrás que pensar en ello, sobre todo si el paciente es fumador o ha sido de forma importante (1 paquete al día). Tienes que saber que en caso de padecer una neoplasia esofágica este paciente, lo normal es que sea un carcinoma epidermoide. Por el contrario, si el paciente tiene una adenocarcinoma lo normal es que pueda tener historia de obesidad o cierto sobrepeso asociada a historia de pirosis o reflujo esofago-gástrico.

Sería recomendable que interroges a tu paciente y le pregunte si esta disfagia se encuentra asociada a síntomas o signos neurológicos, como disartria, problemas de iniciar deglución, regurgitación nasal, disfonía, sialorrea, especialmente si la disfagia es de localización al- ta, notándose que el bolo alimenticio nada más intentar deglutir se le queda en la zona alta de esófago (disfagia orofaringea).

Estos paciente podría incluso, desarrollar fiebre con tos y expectoración, al tener un riesgo aumentado de desarrollar neumonía aspirativa y podrían haber tenido entre sus antecedentes personales historial reciente o previo de accidentes cerebrovasculares con secuelas neurológicas o no a otros niveles. En ese caso, generalmente el Digestivo después de someterlo a endoscopia oral y/o manometría esofágica, podría remitirtelo al Neurólogo, para descartar patología neurológica (Parkinson, miastenia gravis, accidentes cerebrovasculares, esclerodermia, demencia, sclerosis multiple, esclerosis lateral amiotrófica o ELA).

Es fundamental que mientras lo vaya a valorar el especialista en Di gestivo, le recomiendes comer despacio, triturar bien la comida con una trituradora. Si tiene historial de pirosis o regurgitación alimento, podrás prescribirle inhibidores de la bomba de protons, especialmente Lansoprazol comprimidos bucodispersables y que el resto de medicación que tome, siempre que se pueda que se triture y se tome con agua, para no empeorar la disfagia.

Si el paciente es trasplantado, toma inmunosupresores o quimioterápicas (azatioprina, ciclosporina, micofenolato, metrotexate, tratamiento biologico), habrá que pensar sobre todo en esofagitis infecciosa como esofagitis candidiásica (valorar mucosa yugal, lengua e hipofaringe), con punteado blanquecino adherido milimétrico, algunas veces confluentes, que se puede desprender cuando usas tu depresor con mucosa con signos inflamatorios subyacentes. En otros casos, podrá tratarse de una esofagitis herpética o por citomegalovirus, especialmente en pacientes.

Por ello, podrás emplear en este colectivo de pacientes empíricamente tratamiento con Fluconazol oral durante 3 días por si el paciente mejorara asociado a enjuagues de Nistatina. En caso de no mejorar a las 72 horas, deberás remitirlo con carácter preferente a su especialista (Digestivo, Oncólogo, Hematologo, Reumatólogo).

En otros casos, el paciente acudirá completamente impactado, con sialorrea, sin poder deglutir nada más, con sensación clara de que no baja el bolo alimentario para el estómago, con dolor torácico. Deberás interrogarle si tomó comida con restos óseos (pajarito o pescado con espinas). En ese caso no podrás usar medicación intravenosa que estimula la motilidad o genera cambios en la motilidad esofágica, pues podría dañar la mucosa esofágica y urgiría su remisión al Servicio de Urgencias más cercano.

Generalmente son bolos de carne no bien masticados, generalmente en personas mayors con mala dentición, que el paciente no puede deglutir. En ese caso, si se ha descartado que se trate de una ingestion de espina, hueso o concha cortante, podrás emplear en el mismo centro de salud de guardia, tratamiento con Buscapina, Glucagon o Diazepam intravenoso. Este tratamiento podría resolver el cuadro agudo de impactación en algunos casos, evitando tener que remitir al paciente en algunos casos al hospital. En caso de conseguirse, esto no evitará que el paciente deba ser remitido con character preferente a consulta de Digestivo, intentando que tome la dieta triturada hasta que lo valorara.

También la disfagia puede ser causada por trastornos endocrinológicos como patologia tiroidea (hipertiroidismo, enfermedad de Cushing), por lo que podría solicitarse también hormonas tiroideas. En pacientes neoplásicos con antecedente de carcinoma laringeo que hayan recibido radioterapia, estenosis actínicas esofágicas pueden ser responsables de los cuadros.

Capítulo 2: Dispepsia por reflujo esofagogástrico

La dispepsia tipo ERGE o secundaria a reflujo esofago-gástrico es un síndrome muy frecuente en Atención Primaria, y que se suele carac- terízar de forma típica por pirosis o sensación de quemazón ascendente que le puede llegar incluso hasta garganta y que es producido por la progression de contenido alimenticio ácido desde cámara gastrica a esófago de forma retrograde ascendente. Otro de los síntomas típico es la regurgitación, que el paciente te la va contar como paso de los ali- mentos al esófago digeridos o parcialmente digeridos, como si no hiciera bien la digestion. También pueden comentar halitosis.

En otros casos, los paciente podrán contar historia de tos seca irritativa, sobre todo matutina, caries, así como laringitis crónica posterior, como manifestaciones extraesofágicas de la dispepsia tipo ERGE. De forma más infrecuente, el paciente puede tener rinitis posterior, bronquitis asmática o incluso, neumonía aspirativa, que puede ser severa, espe- cialmente en pacientes con incompetencia cardial severa o hernia de hiato o paraesofágica de gran tamaño, que si el paciente es relativa- mente joven y se puede asumir el riesgo quirúrgico, por tener escasa morbilidad combinada, podría ser intervenido con cirugía antireflujo.

Se trata de una patología, cuyo diagnostico es eminentemente clinico, quiere decir que es el propio medico de familia es que puede hacer un diagnostico de esta entidad, especialmente cuando se emplean las medidas higiénico-dietéticas y sobre todo se realiza un ensayo terapeútico con inhibidores de la bomba de protones (IBP) durante unas semanas para ver si la sintomatología que aqueja el paciente mejora o desaparece.

Por ello, es tan importante que tú como medico de familia de ese paciente, des las primeras recomendaciones terapeúticas en sus hábitos dietéticos y sus autocuidados personales, para que intentes que el paciente pueda mejorar sin necesidad de remitir al especialista. Los únicos síntomas y signos que te obligarán a tener que remitir al paciente al especialista de Aparato Digestivo de forma preferente, será que presente los llamados síntomas y signos de alarma. Éstos son aquellos, en los que el paciente cuenta que además de pirosis o regurgitación, el paciente tiene pérdida de peso o síndrome constitucional, nauseas o vómitos, hematemesis o vómito de sangre roja fresca, por ejemplo.

Si éstos no están presentes, se le indicarán al pacientes las medidas higiénico-dietéticas para control del reflujo como:

a) Si es fumador, lo primero es que deje de fumar y si bebe en exceso que deje de beber y lo reduzca todo lo que pueda.

b) Si tiene sobrepeso o es obeso, será muy importante, además de una dieta baja en grasas basada en dieta mediterránea (rica en fruta, verduras, pescado), evitando las comidas grasas, copiosas y rica en carnes rojas (ternera, cerdo, cordero), y comiendo carne, generalmente de pollo, tan solo 1-2 veces por semana, deberías recomendarle siempre que no esté limitado funcionalmente por problemas articulares o cardiopatia severa, que haga ejercicio físico, ajustado a su situación personal, que le permita perder peso de forma progresiva. Lo importante es que perdiera al menos un 1=% de peso basal que presentaba cuando te comentó los síntomas.

c) Debe intentar evitar o reducir la ingesta de determinadas comi- das como café, té, chocolate, menta, bebidas gaseosas como Coca Cola, Fanta, etc, evitando picantes, especias, cítricos (naranja o limón).

d) Debe masticar bien la comida y comer despacio, masticando bien los alimentos, lo que evitará la aerofagia, responsable en algunos casos de meteorismo o flatulencia después de comer, evento que suele ocurrir en personas sometidas a mucho stress laboral o personal, tienen ansiedad o depression asociada.

e) También sera fundamental, comentarle al paciente, que no se acueste recien comido, sino que espere al menos 2 horas para acostarse después de la cena y no dormir siesta recien comido, pues le perjudicaría los síntomas del paciente.

f) También podría ayudarle, el colocar en las patas delanteras de la cama, en la parte donde está la almohada, que coloque unos taquitos de Madera o varios libros que permitan elevar la cabecera de la cama. No intentar elevar el colchón. Ésto no ayudaría.

En otros casos, deberemos revisar el historial farmacológico que está recibiendo el paciente, con objeto de suspender aquellos que no sea estrictamente necesarios y puedan exacebar el reflujo. Destacamos los tratamiento hormonales como anticonceptivos orales, si pueden ser sustituidos por preservativos, por ejemplo.

Reducir la ingesta de ansiolíticos, cambiar antihipertensivos como los antagonistas del calico por los inhibidores de la enzima convertidora de angiotensina (IECA, diurético), etc. Intentar reducir el consumo de antiinflamatorios y usar mejor paracetamol.

Si con esta medida no mejora el paciente, podremos realizar un ensayo terapeútico con IBP durante varias semanas para ver si el paciente con medidas higiénico-dietéticas asociadas a IBP mejora. En caso de no mejorar, podremos duplicar la dosis de IBP, que en algunos casos podrá evitar que el paciente tenga que ser remitido al especialista.

Puede ocurrir que con todas estas medidas terapeúticas que has recomendado y has establecido, el paciente tenga dispepsia tipo ERGE refractaria a IBP incluso. En ese caso, si has duplicado dosis y el tiempo mínimo de 6-8 semanas se han cumplido, sería recomendable remitirlo, sobre todo, en pacientes jovenes que pueden ser candidatos a cirugía anti-ERGE (generalmente tienen una hernia de hiato asocia- da con mala barrera antireflujo anatómica).

En ese caso, generalmente el Digestivo le solicitará una endoscopia oral, especialmente para descartar un esófago de Barrett, que es definido por la presencia de metaplasia intestinal a nivel cardial y esofágico, diagnostico que lo da el anatomopatólogo cuando analiza las biopsias cardiales tomadas.

La mayoría de los pacientes con esófago de Barrett, ya se los quedará el Digestivo para revisar periódicamente. En algunos casos serán estudiados para ser intervenidos quirúrgicamente y en otros te remitirán al paciente con un informe clinico, en el que establecen tratamiento de mantenimiento con IBP a dosis relativamente mayores de las habituales. Tendrán que ser sometidos a endoscopia oral cada 2-3 años para tomar biopsias para descartar displasia sobre la metaplasia de Barrett.

Si tu paciente tuviera displasia, dependerá que sea leve-moderada o severa. En el primer casos, lo revisará en periodos de 6-12 meses, y probablemente sera intervenido en caso de barrera antiERGE defectuosa. En caso de displasia severa, o se revisará muy estrechamente con endoscopia oral cada 3 meses y generalmente si no existe riesgo quirúrgico, deberá ser sometido a una esofagectomia, ya que generalmente esta displasia severa si no revierte con IBP, puede estar asociada a adenocarcinoma, evento que se descubre generalmente en la pieza de esofagectomia.

En caso de que se trate de un paciente joven, no es de extrañar que el Digestivo le oferte una cirugia antiERGE, que generalmente está basada en la técnica de Nissen laparoscópico. Para ello, generalmente el paciente tendrá que aportar una endoscopia oral con esofagitis peptica, Barrett o evidencia de reflujo patológico severo en una pHmetria 24 horas.

Para poder someterlo a esta prueba, generalmente la pHmetria 24 horas se precede de una manometría esofágica que va a medir el tono del esfinter esofágico inferior, que sera hipotónico si su ten- sion es inferior a 10 mm Hg. y va a permitir localizarlo, con idea de poder colocar el electrode de la pHmetria esofágica en el lugar adecuado para un registro óptimo.

La pHmetria esofágica de 24 horas, el paciente se lleva a su domicilio un aparato con un sonda nasogástrica muy fina que tendrá colocada durante 24 horas y el paciente deberá hacer su vida como lo hace de forma cotidiana, indicando en una hoja de registro cuan- do se pone en decubito supino (acuesta siesta o por la noche), cuando come y cuando nota sensación de pirosis o regurgitación típico.

Generalmente con estas técnicas el cirujano podrá decidir si el paciente es candidato a cirugia antiERGE o no. En algunos casos border-line, en los que se evidencia en la manometría esofágica, posibles trastornos motores esofágicos inespecíficos con reducción de las ondas peristálticas o de menor intensidad, se puede optar por otras técnicas quirúrgicas como Nissen modificado, con objeto de evitar como complicación post-operatoria la disfagia o un mal avance del bolo alimentario, que obligaría a tener que so- meter al paciente en algunos casos a dilataciones endoscópicas cardiales o a tener que reintervenir al paciente.

No es infrecuente que los pacientes con edad avanzada o que tiene cierta morbilidad asociada como cardiopatía isquémica, insuficiencia cardiaca, neoplasias no estables no sean buenos candidatos a cirugia antiERGE y sean remitidos por el Digestivo con tratamiento IBP de mantenimiento o a demanda.

Los pacientes pueden tener una esofagitis no erosive, es decir, pacientes con clinica de reflujo esofagogástrico, que no muestran lesiones mucosas en la endoscopia oral, y en otros casos, presentarán una esofagitis peptica. La extension y severidad de la esofagitis peptica se especificará empleando generalmente 2 esca las diagnósticas, pero siendo la más frecuente la clasificación de los Angeles en 4 grados:

a) Grado A: una o más erosions longitudinales, no más largas de 5 mm, que no confluyen entre 2 pliegues de la mucosa.

b) Grado B: una o más erosiones longitudinales, más largas de 5 mm, que no confluyen entre dos pliegues de la mucosa.

c) Grado C: una o más erosiones longitudinales, que confluyen en 2 pliegues de la mucosa, pero que no llegan a abarcar el 75% de la circunferencia de la luz esofágica.

d) Grado D: una o más erosiones longitudinales, que confluyen en 2 pliegues de la mucosa y que abarcan al menos el 75% de la circunferencia de la luz esofágica.

En resumen, un paciente que tenga esófago de Barrett o bien tenga esofagitis peptica grado C o D de los Angeles es una esofagitis peptica severa y ese paciente deberá ser controlado por el Digestivo, sobre todo si tras ser remitido por él a Atención Primaria, tuviera una recidiva de los síntomas de reflujo.

Generalmente muchos de los pacientes con tratamiento IBP podrán ir bien con dosis estándar (omeprazol 20 mg/24 horas; Lansoprazol 30 mg/24 horas; Pantoprazol 40 mg/24 horas; Rabe- prazol 20 mg/24 horas o Esomeprazol 20 mg/24 horas). Si no mejorara en 6-8 semanas, podremos duplicar la dosis de IBP pres- crito o cambiarlo por otro, antes de remitir al especialista, asegurándonos antes de que ha perdido algo de peso en caso de sobrepeso y que ha dejado de fumar en caso de que fuese fumador y ha cambiado sus hábitos dietéticos.

En ocasiones, los paciente que inicialmente fueron remitidos por clínica de ERGE, podrán retornar a la consulta de primaria con el diagnóstico de esofagitis eosinofílica, en pacientes en los que pue- den tener historia de pirosis e impactaciones alimenticias de repetición, en las que en la endoscopia oral realizada, las biopsias esofágicas tomadas han sido diagnósticadas de infiltrado eosinofí- lico esofágico.

El tratamiento de estos pacientes generalmente con ingesta de un esteroide que es de aplicación inhalada, pero que el paciente reali- zará con ingestión oral del mismo diluido en algo de agua

(Fluticasona 2 puff cada 12 horas) durante varias semanas hasta mejorar y posteriormente podrán realizar tratamiento de mantenimiento con Montekulast. Es conveniente que sea remitido desde Primaria a su Alergologo de zona, para que se descarten alergias alimentarias, en especial a los alimentos más alérgenos como soja, frutos secos, fresas, melocotón, leche, cereales, etc.

Capítulo 3: Nauseas y vómitos

El síndrome emético o nauseoso es un síntoma afortunadamente no muy frecuente de forma crónica y generalmente cuando aparece lo vas a ver de forma aguda. Sus etiologias son variadas y puede ser debido a:

1. Gastroenteritis aguda, generalmente acompañado de diarrea, dolor abdominal tipo retortijón, historia de ingesta reciente de alimentos que pudieran no tener buenas condiciones de conser- vación, haber tenido una celebración en la que hubiera habido una ingesta de mayonesa, nata, etc. Son típica la salmonellosis, gastroenteritis por Echerichia Coli, Yersinia, Campylobacter, etc. Hay que monitorizar las constantes vitales (tensión arterial, número de deposiciones, fiebre y frecuencia cardiaca). Remitir siempre que el paciente presente inestabilidad hemodinámica al centro hospitalario más cercano con sueroterapia de choque. En algunos casos se puede emplear antibioterapia empírica intrave- nosa con ciprofloxacino 200-400 mg iv cada 12 horas.

2. Hepatitis aguda viral: entre las que destacamos la hepatitis A (transmisión fecal-oral), que puede estar acompañada de ictericia clínica con fiebre, hipertransaminasemia severa con elevación o no de bilirrubina total, generalmente directa, astenia, petequias,

y que puede asociarse a insuficiencia hepática aguda. Deberemos monitorizar el nivel de conciencia y/o alargamiento del tiempo de coagulación (TP). En ese caso debería ser remitido con urgencia al centro hospitalario más cercano, pues en algunos casos puede precisar el paciente un trasplante hepático urgente (código 0). La hepatitis B que tiene un periodo de incubación en ocasiones de más de 1 mes, siendo más infrecuente una hepatitis aguda por vi- rus hepatitis C, que suelen ser más asintomática y detectarse generalmente en fase crónica, por lo que es inhabitual ésta última que presente nauseas o vómitos.

3) Patología neurológica: cefalea, meningitis (descartar signos me ningeos, tales como signos de Kernig y Bruzinski, fiebre, pete quias, etc), hipertensión intracraneal o traumatismo craneoencefá lico con hematoma cerebral.

4) Hiperemesis gravídica: generalmente presente en el 1º trimestre de la gestación. Cuídado con administrar fármacos teratógenos dado que en esta fase se está produciendo la embriogénesis.

5) También es conveniente revisar medicación, sobre todo indicada para Parkison, antipsicóticos, etc.

6) Patologia de oido: síndrome vertiginosos periféricos.

7. Patologia bilio-pancreática: colangitis aguda (fiebre, ictericia, dolor abdominal con colostasis bioquímica), colecistitis aguda (signo de Murphy +), pancreatitis aguda (elevación de amilasa y lipasa com alteración de bioquímica hepática asociada), generalmente de origen biliar, coledocolitiasis (presencia de cálculo que ocupa la via biliar, generando obstrucción de la misma.

8. Enfermedad coronaria aguda: generalmente como manifestación del cortejo vegetativo, con sudoración, dolor torácico opresivo irradiado a hombro izquierdo. Se recomienda hacer electrocardiograma y control de la tensión arterial (si crisis hipertensiva, podría tratarse de una angor hemodinámico).

9. Cólico nefrítico: con dolor abdominal en fosa iliaca derecha o izquierda muy severo, con importante cortejo vegetativo, que no cede con paracetamol o nolotil iv. En ocasiones, el pacien- te va a precisar Dolantina intravenosa (1/2 ampolla iv + Primperam iv).

10. Trastornos hormonales: cetoacidosis diabética (glucemias muy elevadas), insufiencia renal aguda con uremia, patología tiroidea (hiper/hipotiroidismo o trastornos del paratiroides). Gastroparesia diabética.

11. Patología en tracto digestivo: estenosis pilórica péptica o neoplásica, adherencias o bridas quirúrgicas en paciente con antecedentes de intervenciones quirúrgicas abdominales, neoplasia de colon estenosante, volvulación gástrica o de sigma, invaginación intestinal, etc.

12. Pseudoobstrucción intestinal.

13. Piscógena: Bulimia nerviosa (valorar si ansiedad o depresión), asociada a trastornos de alimentación.

14. Quimioterápicos: cisplatino, ciclofosfamida, adriamicina, melfalán, etc.

Los fármacos que podrás emplear para las nauseas o vómitos tenemos:

a. Ondansetrón oral (8 mg 2 veces al día) o 8 mg iv (0,15 mg/kg).
b. Metoclopramida solución o iv cada 8 horas.
c. Levosulpiride, Domperidona.

Capítulo 4: Infección por Helicobacter Pylori

Los pacientes que puedas valorar pueden tener histo- ria de dispepsia tipo ulcerosa (epigastralgia, sensación nauseosa, alivio cuando se toma alimento o empeoramiento al tomarlo). Generalmente si el paciente tiene una edad menor de 50 años y no tiene síntomas/signos de alarma (pérdida de peso, nauseas, vómitos, hematemesis o melenas, anemia, etc), el paciente podrá haber sido diagnosticado de infección por Helicobacter Pylori (HP), sin haberlo sometido a endoscopia oral, y éste se haya detectado con una prueba del aliento (TAUKIT o UBTEST), que ha resultado positi- vo.

En pacientes con > 50 años con dispepsia reciente o refractaria a tratamiento empírico de IBP, que hayas podido ensayar previa- mente en tu consulta de primaria y con signos de alarma, lo habitual es que sea sometido a una endoscopia oral con biopsias gástricas (antrales o corporales) en la que se ha detectado el HP, asociado a gastritis crónica atrófica asociada o no a metaplasia intestinal.

En algunos pacientes, asociado al HP se podrán detectar ulceras pepticas (a nivel gástrico o duodenal), que en caso de estar complicadas con presencia de hemorragia digestiva alta (hematemesis, melenas) o asociada a linfoma gástrico MALT en estadio inicial o presencia de antecedentes familiares de cáncer gástrico, será fundamental erradicar esta infección con tratamiento erradicador y confirmarlo posteriormente. No siempre será necesario confirmar erradicación, especialmente en pacientes jóvenes sin complicaciones ulcerosas (hemorragia digestiva alta, linfoma o sin antecedentes familiares) si clínicamente mejoran tras la erradicación del HP, no será necesario confirmarlo, y sólo en estos casos o en casos en los que su evolución clínica sea mala, será conveniente confirmar con TAUKIT de que se haya erradicado esta bacteria.

En caso de ulceras gástricas asociadas a Helicobacter Pylori, además de confirmar erradicación, será fundamental comprobar endoscópicamente que esta ulcera haya cicatrizado y que siempre al menos una vez se hayan tomado biopsias para confirmar benignidad de la misma.

Generalmente, para que un test de aliento sea válido su resultado es necesario que el paciente haya suspendido el IBP al menos 15 dias. Habrá paciente que podrán dejar de tomar IBP sin problema, pero en otros si este fármaco se suspende, podrían estar sintomático y necesitar un antisecretor, por lo que para ayudarle a poder cumplimentar los 15 dias sin IBP, podremos recetarle un anti-H2 (Ranitidina o famotidina).

Por otro lado, el consumo de antibióticos debe estar espaciado de la prueba del aliento al menos 1 mes, para evitar falsos negativos. Por ello, generalmente en pacientes con infección por HP, el paciente hará el tratamiento erradicador (IBP asociado a combinación de antibióticos) durante 10-14 días asociado a probiótico (Gastrus, Casenbiotic, ultralevura, prodefen, etc) para evitar la diarrea asociado a antibiótico, pudiendo llevarse después durante 1 mes con famotidina o ranitida, pasado este tiempo, podrá someterse a la prueba del aliento para confirmar que fue erradicada esta bacteria.

Pasamos a continuación a comentar las combinaciones fárma- cos para erradicar el HP:

EN PACIENTES NO ALÉRGICOS A PENICILINA:

1º línea terapeútica (tasa de resistencia a Claritromicina < 15-20%):

a) Triple terapia estándar:

IBP a dosis doble cada 12 horas + Amoxicilina 1 gramo cada 12 horas + Claritromicina 500 mg/12 horas (10-14 dias).

b) Cuadruple terapia estándar:
IBP a dosis estándar cada 12 horas + Amoxicilina 1 gramo cada 12 horas + Claritromicina 500 mg/12horas + Metronidazol 500 mg/12 horas (10-14 dias).

Fracaso de 1º línea terapêutica (2º línea terapeútica)
IBP a dosis estándar cada 12 horas + Amoxicilina 1 gramo cada 12 horas + Levofloxacino 500 mg/24 horas (10 días)

Fracaso de 2º línea terapeútica con levofloxacino (3º línea terapeútica):
IBP a dosis estandar cada 12 horas + Bismuto 120 mg/6 horas + Doxiciclina 100 mg/12 horas + Metronidazol 500 mg/8 horas (10-14 días)

EN PACIENTES ALÉRGICOS A PENICILINA:
Triple terapia de 1º línea:
IBP a dosis doble cada 12 horas + Claritromicina 500 mg/12 horas + Metronidazol 500 mg/12 horas (10-14 días).

Fracaso de la terapia de 1º línea (2º línea terapeútica):

IBP a dosis estándar cada 12 horas + Claritromicina 500 mg/12 horas + Levofloxacino 500 mg/24 horas (10 días).

Fracaso de la terapia de 2º línea (3º línea terapeútica):

IBP a dosis estándar cada 12 horas + Bismuto 120 mg/6 horas + Doxiciclina 100 mg/12 horas + Metronidazol 500 mg/8 horas (10-14 días).

Capítulo 5: Diarrea aguda y crónica

Este síndrome es muy frecuente en primaria, y generalmente debes realizar una buena anamnesis (aumento del número de deposiciones con disminución de la consistencia de heces). Debemos interrogarles en cuanto a la duración, generalmente la aguda no suele superar más de 1 semana, aclarar si está asociada a fiebre y a la presencia de productos patológicos (presencia de moco y/o sangre en las deposiciones). Será fundamental monitorizar las constantes del pa- ciente, en éstos últimos.

La diarrea está encuadrada en la escala de heces de Bristol, correspondiendo a:

a) Tipo 5: bolas de heces blandas de bordes definidos.

b) Tipo 6: fragmentos de bordes indefinidos y consistencia blanda-pastosa.

c) Tipo 7: deposiciones totalmente líquidas-

Un criterio para remitir al hospital por si tiene que ser ingresado, es la estabilidad hemodinámica (que tenga tensión arterial sistólica < 100 mg Hg, asociado a una frecuencia cardiaca > 90 lpm), hay que considerar como una diarrea aguda con criterios de gravedad, de ahí que tendrá que asegurarse una correcta hidratación del paciente.

En algunas ocasiones, el paciente además de la diarrea aguda, presentará asociado vómitos o nauseas. En ese caso, tendremos que intentar valorar si es posible la tolerancia oral, indicándole al paciente que tome suero oral casen o Acuarius como bebida isotónica y que tome pequeños sorbos cada 10 minutos, para ver si lo tolera o le genera el vómito. En caso de no conseguirlo, deberemos instaurarle hidratación intravenosa, colocándole una vía venosa y sueroterapia con suero fisiológico. Previamente, valoraremos con un BMtest la glucemia para valorar si debemos emplear mejor un suero glucosalino en lugar de fisiológico.

En caso de que el paciente lleve pocos días con diarrea aguda, sin los comentados criterios de gravedad y pueda tolerar dieta oral en el centro de salud sin problemas, le indicaremos al paciente que, además de sueroterapia oral, realice dieta blanda basada en arroz blanco con cebolla y ajo, puré de zanahoria, Acuarius en sorbos frecuentes, y los lácteos (leche, yogurt) sean sin lactosa durante las próximas 2 semanas, ya que después de una diarrea infecciosa aguda, puede quedar un cierto grado de intolerancia a la lactosa reversible que intentaremos mejorar con dieta sin lactosa.

Si el paciente presenta fiebre, productos patológicos, un número de deposiciones superior a 6-8 en 24 horas, dolor abdominal, especialmente en fosa iliaca derecha, siendo un paciente joven entre 20-40 años, podría tratarse de una enfermedad inflamatoria intestinal, aunque generalmente el paciente contará historia previa de episodios de diarrea intermitente o dolor abdominal. En ese caso se recomienda remitir a la Urgencias del Hospital para que sea valorado integralmente con analítica, ya que generalmen- te este tipo de pacientes se ingresan. Puede ser conveniente realizar realizar recogida de muestras de heces, para determina- ción de coprocultivos y parásitos en heces.

En otras ocasiones, el paciente podrá comentar consumo reciente de fármacos, en especial antibióticos de la familia de las penicilinas. En ese caso, lo más recomendable será suspenderlo y administrarle además probióticos tales como Casenbiotic 1 comprimido masticable al dia durante 10 dias, Prodefen 1 sobre al dia, ultralevura, con objeto de repoblar la flora intestinal. Tam- bién hay que tener en cuenta en pacientes diabéticos, que si iniciaran tratamiento con Metformina, y comienzan con diarrea, podría ser ésta un efecto secundario del fármaco.

Habrá otros casos, que el estado general de paciente es bueno y cuenta que la diarrea que se ha presentado de forma aguda, no tiene fiebre, podríamos emplear un antibiótico oral, de efecto local sólo en el tubo digestivo, sin efectos secundarios reseñables como es la Rifaximina, que podría ser empleada, administrando 1 comprimido cada 6 horas hasta que remitan los síntomas del paciente.

Puede ocurrir que nos lleguen al Servicio de Urgencias del centro de salud, varios familiares afecto de diarrea aguda, con severidad diferente, y que en la anamnesis detectemos que tienen en común estos casos de que han tenido una comida familiar o un convite de boda o comunión en un restaurante. En ese caso, se interrogará a cada uno de ellos, qué comieron, y ver si todos ellos comieron algo similar (salsa, pastel, nata, etc), tratándose de una toxinfección alimentaria.

En ese caso, tendremos que informar al Departamento de Salud Pública, para que haga un estudio epidemiológico de lo ocurrido, sobre todo para asegurarnos de que en dicho establecimiento la cadena de conservación y preservación de alimentos se cumple de acuerdo a la normativa vigente. En caso contrario, se deberán tomar las medidas profilácticas oportunas, con objeto de que no ocurran nuevos casos y se realicen las sanciones disciplinarias correspondientes.

Tenemos 3 tipos de diarrea aguda:

1. Diarrea del viajero o de la comunidad: los microbios generalmente implicados son la Salmonella, Shigella, Campylobacter. Más infrecuente puede aparecer el síndrome hemolítico urémico, en el que agente que debemos pensar es la Echerichia Coli subtipo 0157:H7. Si ha tomado antibióticos, el paciente está recibiendo quimioterapia o ha estado recientemente hospitalizado, debemos pensar en el Clostridium Difficile.

   En caso de tratarse de un adulto con signos inflamatorios sistémicos, podremos realizar tratamiento empírico con fluorquinolonas, que no deberíamos dar en niños, por afectar el cartílago de crecimiento en los niños. En el caso de niños, podemos emplear tratamiento con trimetroprim-sulfametoxazol.

2. Diarrea nosocomial: cuando un paciente generalmente ha estado ingresado en hospital durante al menos 3 días. Se debe solicitar además de coprocultivos y parásitos en heces, la toxina de Clostridium Difficile para toxinas A y B. En este caso, podemos emplear metronidazol o vancomicina oral.

3. Diarrea persistente (duración > 7 días): pensar en infección intestinal por protozoo, especialmente Giardia Lambilia, Crystosporidium, Ciclospora, Isospora Belli, Microsporia, Micobacterium Avium Complex, que podría ser característica en pacientes inmunodeprimidos (trasplantados, VIH +, déficit Ig A, etc).

En caso de sospecha de Giardia, podríamos emplear tratamiento con Metronidazol o Tinidazol.Cuando el paciente presenta una disminución de la consistencia de las heces durante más de 4 semanas, se puede definir que el paciente presenta diarrea crónica.

La diarrea crónica puede ser clasificada en 4 tipos:

a) Diarrea osmótica: presencia de un soluto no absorbible en el contenido luminal. Se puede producir cuando el paciente recibe fármacos laxantes osmóticos como es típico en pacientes cirróticos, que para que no estén estreñidos, con objeto de prevenir la encefalopatía hepática en ellos, se les administra lactulosa o Duphalac (preferiblemente en no dia- béticos) o lactitol (si se tratara de un cirrótico diabético), sorbitol o polietilenglicol, como fármaco empleado para la preparación de las colonoscopias.

También se puede deber al consumo de fármacos antiácidos que contengan magnesio, colchicina, colestiramina, etc. En otros casos, serán pacientes que hayan consumido chicles con xilitol o alimentos que contengan sorbitol o manitol.

Otra de las causas de diarrea osmótica, se debe al déficit enzimático intestinal de disacaridasas, siendo el más frecuente el de lactasa, pero también puede deberse al déficit de sacarasa-isomaltasa, trehalasa. Para ver si presenta una intolerancia a la lactosa como causa crónica de idarrea recidivante, te recomiendo que hagas un ensayo terapeútico de dieta sin lactosa durante 1 mes empírica (leche, yogurt y queso sin lactosa) y en caso de que vaya a tomar helado, lo haga con leche sin lactosa o que esté identificado como tal.

Una mejoría clínica del paciente del cuadro diarreico irá a favor de que el paciente tiene una intolerancia a la lactosa. En ese caso, deberías indicarla que debería hacerlo a largo plazo para ver si mejora.

En caso de no mejorar remitir al especialista en Digestivo si se sospecha esta patología para que le haga prueba de aliento de lactosa (si fuese diabético) o bien, una curva de lactosa en caso de serlo. Una curva de lactosa se considera positivo siempre que no sea plana. Consiste en determinar basalmente la glucemia, y se le realizan determinaciones seriada a los 15, 30, 60, 120 minutos tras la ingesta de 25 gramos de lactosa.

En caso de ser intolerante, el paciente presentará nauseas, vómitos, abundantes gases, dolor abdominal y en ocasiones diarrea y tendrá que acudir al WC varias veces nada más administrarle el preparado en lactosa. Además observarás en la curva analítica que no se produce un incremento de los niveles de glucemia significa- tivos. Generalmente los intolerantes no sube más de 20 mg/dl la glucemia a los 15 o 30 minutos tras darle el preparado, mientras en los que absorbe es habitual que suba al menos 40-50 mg/dl la glu- cemia respecto a la que tenía basal antes de administrarselo y no tendrá ningún síntomas posterior, lo que indicaría que la prueba es negativa.

No hay que olvidar que tras una gastroenteritis aguda, los pacientes pueden presentar una intolerancia a la lactosa reversible que podemos mejorarla con probióticos y dieta sin lactosa empírica durante un par de semanas y posteriormente estará capacitado para volverla a tomar.

b) Diarrea crónica secundaria a esteatorrea: La esteatorrea se puede deber como consecuencia de un síndrome malabsortivo (síndrome de intestino corto, enfermedad celiaca, sobrecrecimiento bacteriano, generalmente por diverticulosis intestinal o por presencia de estenosis intestinales típicas como los enfermos con enfermedad de Crohn con afectación ileal estenótica, que favorece el crecimiento de bacterias intestinales patógenas distintas de la flora saprófita intestinal. La malabsorción intestinal puede ser también secundaria a un antecedente de isquemia mesentérica, que puede ser más frecuente en pacientes con arterosclerosis sistémica que afecte a la vascularización mesentérica.

La esteatorrea también puede producirse como consecuencia de un síndrome de maldigestión, típica de pacientes con insu ficiencia pancreática crónica exocrina, como ocurre en pacientes con pancreatitis crónica calcificante. Este déficit puede ser analizado mediante una determinación de grasas en heces de 24 h, que sería patológica en caso de que la cuantía de grasas sea superior a 6 gramos en 24 horas, o bien median- te la determinación de la enzima elastasa en heces, que generalmente en pacientes con insuficiencia pancreática suele ser menor de 200-250, mientras que no está presente si su valor es > 500.

En caso de insuficiencia pancreática exocrina, lo recomendable es tratar a estos pacientes para que puedan realizar una adecuada digestión alimenticia con enzimas (Kreon de 25000 U, o pancreatina) durante las comidas, generalmente 2 comprimidos cuando almuerce, cena y si hace un desayuno grande, y entre comidas como a media mañana y merienda, con un 1 comprimido será suficiente.

También puede tener esteatorrea por maldigestión, aquellos pacientes que tiene malabsorción de sales biliares, como pueden ser aquellos, que han sufrido entre sus antecedentes resecciones ileales, como son los enfermos inflamatorios (Crohn ileal resecado o tumores carcinoides colónicos que han precisado resección ileal). En estos casos puede ayudar la administración de Resincolestiramina 1 sobre cada 8-12 horas.

c) Diarrea inflamatoria: destacamos la enfermedad inflamatoria intestinal tipo Crohn o colitis ulcerosa: en estas patología, podrás encontrar fármacos como esteroides, azatioprina, tratamiento biológico como Remicade o Humira, metrotexate subcutáneo, etc; la colitis microscópica, entre las que se encuentra la colitis linfocítica o colágena, que generalmente van a ser tratadas con budesonida capsulas o mesalazina; yeyunoileitis ulcerativa, que es una entidad infrecuente, que aparece en esprue o celiaquía refractaria a dieta sin gluten y que puede ser diagnosticada por haber su- frido el paciente una cirugia de urgencia, por perforación yeyunal o ileal. Se trata de una entidad que puede correspon- der a un estado preneoplásico para un posterior desarrollo de linfoma intestinal de células T.

d) Diarrea secretora: se produce por disminución de la absorción o aumento de la secreción. Entre las posibles etiología, tenemos el empleo de laxantes como la fenolftaleína, aceite de ricino, antraquinonas; fármacos como la quinidina, teofilinas o prostaglandinas, hidralazina, reserpina, digital, antiácidos con magnesio.

Otras posibilidades: diarrea post-colecistectomia, toxinfección bacteriana, diarrea post-vagotomía, post-simpatectomia, neuropatía diabética autonómica, hipertiroidismo.

También están incluidos en este apartado la diarrea producidas por tumores productores de hormonas como los neuroendocrinos (gastrina, VIP, somatostatina, mastocitosis, carcinoide, carcinoides, carcinoma medular de tiroides, etc). No podemos olvidar que el síndrome de intestino irritable es una diarrea secretora. Los cánceres de colon, linfoma intestinal y los adenomas vellosos también pueden ser responsables. Enfermedad de Addison.

Existen manifestaciones extradigestivas que pueden producir agentes infecciosos. Entre ellas tenemos: exantema asociado

(Shigella o Yersinia); artritis no erosiva reactiva (Salmonella, Shigella, Campylobacter, Yersinia Enterocolítica); dolor en fosa iliaca derecha (Yersinia Enterocolítica); síndrome hemolítico urémico (Echerichia enterohemorrágica, Shigella) y en ocasiones pueden desarrollar un síndrome de Guillain-Barré.

Ahora entramos en detalle sobre los diferentes agentes etiológicos que podemos encontrar:

1. Shigellosis: su periodo de incubación es corto de 2-3 dias. Se produce por la ingesta de agua contaminada, verduras o leche. Puede presentar exantema, artritis, Trombocitopenia, reacciones leucemoides, incluso síndrome hemolítico urémico. Se debe tratar con trimetroprim-sulfametoxazol cada 12 horas durante 5 dias en niños y adultos. En adultos o mujeres no embarazadas, ciprofloxacino 500 mg/12 horas durante 5 dias es otra opción.

2. Salmonellosis: su periodo de incubación es de pocas horas a 2 días. Se debe al consumo de huevos, leche y pollo. Es típica la diarrea de color verdosa. Debemos tratar con antibióticos, especialmente a pacientes con edad avanzada, prótesis valvu

lares o inmunodeprimidos con ciprofloxacino 500 mg/12 horas durante 5 días. Otras alternativas son cefixima 400 mg cada 12 horas durante 1 semana; Trimetroprim-sulfametoxazol cada 12 horas durante 5 dias; Ampicilina 1 gramo cada 8 horas durante 1 semana o bien, ciprofloxacino 500 mg/12 horas durante 5 dias.

3. Gastroenteritis por Campylobacter Jejuni: tiene un periodo de incubación corto de 1-2 días. Se produce por consumo de carne o leche. Puede tener asociada a la diarrea, pancreatitis, cistitis, glomerulonefritis, artritis o síndrome de Guillain-Barré. Se puede tratar con eritromicina 250 mg cada 6 horas o bien con ciprofloxa- cino 500 mg/12 horas durante 5 días.

4. Yersiniosis intestinal: tiene un periodo de incubación de 1-3 días. Se debe al consumo de leche o animales contaminados. En niños es típico ileitis o adenitis mesentérica. Puede presentar exantema, eritema nodoso, artritis o faringitis. Se debe tratar con trimetroprim-sulfametoxazol cada 12 horas durante 1 semana o bien, tetraciclina 500 mg cada 6 horas durante el mismo periodo.

5. Echerichia Coli enteroinvasiva o enterohemorrágica: tiene un periodo de incubación algo más largo (3-4 días). Se debe al consumo de aguda, hamburgesas o leche. El enterohemorrágico se puede asociar a síndrome hemolítico urémico. El tratamiento suele ser con ciprofloxacino 500 mg cada 12 horas durante 5 días o bien trimetroprim- sulfametoxazol cada 12 horas durante 5 dias.

6. Si la diarrea es secundaria a un Vibrio Colerae: su periodo de incubación es de 2-7 días. Se tratará con tetraciclina 500 mg cada 6 horas durante 3-5 días o bien ciprofloxacino 500 mg cada 12 horas durante este periodo.

7. Diarrea por Staphylococo Aureus: ocurre a las 2-4 horas de la ingesta (muy rápido). Se produce cuando el paciente come carne enlatada, nata o jamón. Se suele autolimitar en 24-48 horas y no precisa tratamiento si la evolución clínica es favorable.

8. Colitis pseudomembranosa o cultivos positivos a Clostridium Difficile: normalmente el paciente habrá consumido

recientemente antibióticos, habrá estado ingresado o habrá recibido quimioterapia. Puede existir riesgo si no se trata de desarrollar megacolon tóxico. Se debe tratar con Vancomicina oral 125 mg oral cada 6 horas durante 1-2 semanas, según evolución de los síntomas y con confirmación de negatividad de los cultivos. Otra alternativa es el metronidazol 250 mg oral cada 6 horas o en regimen ingresado 500 mg iv.

9. Giardiasis y Amebiasis: su periodo de incubación es larga, entre 1-2 semanas. Suele ser por consumo de agua contaminada o fruta regada con agua contaminada. Su tratamiento es común con metronidazol 250-500 mg cada 8 horas durante 7-10 dias.

En pacientes inmunodeprimidos como los trasplantados o VIH, debemos pensar en las siguientes infecciones causantes de diarrea crónica:

1. Criptosporidium, cuyo tratamiento es la paromomicina 500 mg cada 6 horas durante 2 semanas, asociado a octeotrido 100-200 microgramos subcutáneo cada 8-12 horas.

2. Microsporidium, siendo su tratamiento con metronidazol 500 mg cada 8 horas durante 2 semanas.

3. Isospora Belli: se tratará con trimetroprim-sulfametoxazol cada 12 horas durante 1-2 semanas.

La colitis microscópica, como hemos comentado, se caracteriza por diarrea crónica, generalmente acuosa, típica en mujeres de edad avanzada, y puede asociarse a otras patologías autoinmune como tiroiditis de Hashimoto o enfemedad celiaca. El diagnóstico se realiza mediante el estudio histológico de al menos 5 biopsias colónicas, una por cada segmento.

Así tenemos 2 opciones:

a) Colitis linfocítica: caracterizada por una linfocitosis intraepitelial con más de 20 linfocitos por célula epitelial. Tiene un infiltrado inflamatorio mixto en lamina propia.

b) Colitis colágena: caracterizada por bandas de colágeno subepitelial de 7-100 micras.

Los pacientes que sean diagnosticados de colitis microscópica deberán suspender medicación tales como acarbosa, aspirina, lansoprazol, AINEs, ranitidina y sertralina, y deben de dejar de fumar. Deben ser tratados con Budesonida con 3 cápsulas de 3 mg al día (9 mg/dia) durante 1,5-2 meses.

En caso de recaida, puede ser empleada de forma crónica a dosis de 6 mg/dia (2 cápsulas al día) asociado a calcio + vitamina D. Pode- mos ayudarnos de fármacos como loperamida, colestiramina o subcitrato de bismuto. En algunos casos se ha empleado tratamien- tos con azatioprina o biolóticos como Infliximab o Adalimumab (anti-TNF), pero esto es inusual.

Otra causa de diarrea crónica se puede deber al sobrecrecimiento bacteriano, y que se caracterizada por diarrea crónica, déficit de vitamina B12, hipoproteinemia. Las bacterias más frecuentes implicadas son los Streptococo, seguida de la Echerichia Coli.

Los factores precipitantes son la presencia de diverticulosis de intestino delgado, intervenciones quirúrgicas como gastrectomia Billroth II o by-pass gástrico; estenosis en pacientes con enfermedad de Crohn; neuropatía diabética intestinal, esclerodermia, amiloidosis, pseudoobstrucción intestinal crónica, enteritis actínica, gastritis crónica atrófica, tratamiento con inhibidores de la bomba de protones (IBP), VIH, inmunodepresión, cirrosis hepática, insuficiencia renal, pancreatitis crónica, fístula enterocólica.

Se diagnostica con test del aliento de glucosa-H2 o Xilosa. Los posibles tratamiento antibióticos empleados son:

a) Ciprofloxacino 250 mg cada 12 horas durante 7-10 dias.
b) Norfloxacino 400 mg cada 12 horas durante 7-10 días.
c) Metronidazol 250 mg cada 8 horas durante 7-10 días.
d) Trimetroprim sulfametoxazol cada 12 horas durante 7-10 días.
e) Doxiciclina 100 mg cada 12 horas durante 7-10 días.
f) Amoxiclavulánico 500 mg cada 12 horas durante 7-10 días.
g) Rifaximina 2 comprimidos cada 8 horas durante 7-10 días.

En cuanto al síndrome de intestino irritable, será uno de los diagnósticos más frecuentes que vamos a encontrar en Atención Primaria. Se caracteriza por dolor o molestia abdominal con alteración del hábito intestinal.

Puede encontrarse asociado a otros síndromes no orgánicos como dispepsia funcional, fibromialgia, síndrome de fatiga crónica, cistitis intersticial y cefalea tensional.

El síndrome de intestino irritable (SII) puede clasificarse, dependiendo de la alteración del ritmo intestinalen 5 tipos:

a) SII asociado a estreñimiento (tipo 1-2 de la escala de heces de Bristol): 25% casos.
b) SII asociado a diarrea (tipo 5-7 de la escala de Bristol): 25% casos.
c) SII con hábito mixto: cuando se combinan los 2 tipos anteriores: 25% casos.
d) SII inclasificable: cuando no tiene un patrón definido.
e) SII con hábito alternante: cuando tiene un patrón definido durante un periodo prolongado y después cambia.

Su diagnóstico es clínico y debe cumplir los criterios diagnósticos de Roma III:

a) Presencia de dolor o molestia abdominal recurrente durante al menos 3 días por mes en los últimos 3 meses, asociado a 2 o más de los siguientes criterios menores:

- Mejora con la defecación.
- Comienzo asociado con un cambio en la frecuencia de las deposiciones.
- Comienzo asociado con un cambio en la consistencia de las deposiciones.

b) Las molestias debe estar presentes durante los últimos 3 meses y haber comenzado un mínimo de 6 meses antes del diagnóstico. Debe disponer de una colonoscopia sin alteraciones (diarrea funcional).

En cuanto al tratamiento del SII, dependiendo del cuadro clíni- co predominante podremos usar:

a) Si diarrea: agente antidiarreico como Loperamida (2-16 mg al dia). También pueden ser empleados probióticos (Lactobacillus casei, Bifidobacterium lactis, Enterococcus faecalis).

b) Si dolor abdominal: bromuro de Otilonio (Spacmoc-tyl 40 mg cada 8 horas hasta alivio de los síntomas); bromuro de pinaverio (Eldicet 50 mg cada 8 horas); Mebe- verina (Duspatalin 135 mg cada 8 horas); Trimebutina (Polibutin 100 mg cada 8 horas); Bromuro de Butilescapo- lamina (Buscapina 10 mg cada 8 horas).

En casos refractarios y sospechemos que puede subayacer trastornos psiquiátricos o labilidad emocional o stress excesivo podemos usar tratamiento antidepresivo, tales como antidepresivos tricíclicos con Amitriptilina 50-150 mg al dia, o bien, emplear antidepresivos inhibidores de la recaptación de la serotonina: Escitalopram 10-20 mg al dia; Sertralina 50-200 mg al dia; Venlafaxina 37,5-75 mg al dia; Desimipramina 50-150 mg al dia.

c) Predominio de flatulencia o meteorismo: además de recomendarle hacer una dieta sin lactosa durante 1 mes de prueba empírica, se puede prescribir simeticona + cleboprida (Flatoril) 1 comprimido 30 minutos antes de las comidas y que se acostumbre a comer despacio, sin prisas y masticar bien la comida.

Si el paciente tiene problemas de dentición se le recomendará que se arregle la dentadura, para facilitar una correcta medicación.

Capítulo 6: Estreñimiento agudo y crónico

El estreñimiento agudo suele deberse normalmente a un cambio reciente en los hábitos de vida del paciente, como puede ser un aumento del stress del paciente, cambio en los hábitos de ingesta hídrica o alimenticia del paciente, así como viajes con hábitos distin- tos y que, con tratamiento higienico-dietético adecuado se suele resolver sin problemas, volviendo generalmente a recuperar su hábito intestinal. Generalmente lo definimos como una frecuencia menor a 3 deposiciones por semana.

Las medidas generales para resolver un estreñimiento agudo en un paciente que no lo presentaba anteriormente son:

a) Aumentar la ingesta de agua u otros líquidos (zumos de naranja, kiwi, pera, Acuarius, etc).

b) Intentar evacuar como hábito intestinal diario a la misma hora, generalmente al levantarse o al finalizar las comidas. Cuando se tenga la necesidad debe hacerlo y no demorarlo para más tarde, pues esto puede condicionar consecuencias negativas en su habi- to intestinal.

c) Hacer ejercicio físico regular a diario durante al menos 30 minutos (andar, natación, correr, bicicleta, etc).

d) Aumentar el consumo diario de fibra hasta alcanzar al menos los 20-35 gramos al día. Por cada 100 gramos de los alimen- tos que especificamos a continuación, pasamos a especificar los gramos de fibra que contienen:

- Legumbres (judías 5,2 gramos, guisantes 3,5 gramos).
- Verduras (judías verdes 1,9 gramos, brócoli 3,3 gramos, repollo 1,7 gramos, zanahorias 2,5 gramos, patatas sin piel 1,3 gramos, patatas con piel 2,5 gramos y coliflor 2,1 gramos).
- Frutas (manzana pelada 1,5 gramos; manzana con piel 2 gramos; plátano 1,7 gramos; uvas 1 gramo; naranja 1,9 gramo; pasas 4,2 gramos; fresas 1,8 gramos; pera con piel 2,8 gramos; ciruela sin pelar 1,2 gramos).
- Cereales ("All bran" 30,1 gramos, "cornflakes" 4,3 gramos; avena 1,9 gramos; arroz inflado 1,9 gramos; germen de trigo 14 gramos; pan blanco 2,6 gramos; pan integral 9,3 gramos; arroz hervido 0,4 gramos; galletas 2,1 gra- mos; maíz 2,4 gramos; espagueti 1,5 gramos).

El paciente estreñido tendrá deposiciones que serán clasificadas por la escala de heces de Bristol en:

- Tipo 1: trozos duros separados (heces caprinas).
- Tipo 2: fragmentos cohesionados en forma de salcicha, dura o seca.

Pasamos ahora a comentar los criterios diagnósticos (Roma III) del estreñimiento crónico: se especifican los criterios diagnósticos, que para que sea catalogado como tal debe haber la presencia de al menos 2 o más criterios durante los últimos 3 meses, con el inicio de los síntomas por lo menos 6 meses antes del diagnóstico:

a) Esfuerzo defecatorio en $\leq 25\%$ de las deposiciones.
b) Heces duras o caprinas en $\geq 25\%$ de las evacuaciones.
c) Sensación de evacuación incompleta en $\geq 25\%$ de las evacuaciones.
d) Sensación de obstrucción/bloqueo anorrectal durante $\geq 25\%$ de las evacuaciones.
e) Maniobras manuales para facilitar las evacuaciones (evacuación digital, soporte periné, etc) en $\geq 25\%$ de las evacuaciones.

f) Menos de 3 evacuaciones por semana.

Para el tratamiento del síndrome de intestino irritable (SII) asociado a estreñimiento disponemos de, además las medidas terapeútica comentadas:

a) Formadores de masa: tenemos el plantaben (plantago ovata o Psyllium) a dosis de 2,5-10,5 gramos al día; Metilcelulosa (Muciplasma cápsulas de 500 mg: 3-4,5 gramos al dia); Goma guar (Benefibra polvo de 96 gramos).

b) Lubricantes como parafina líquida (Hodernal o Emuliquen simple) con dosis de 5-45 mililitro al día.

c) Laxantes osmóticos (polietilenglicol o macrogol 1-2 envases al día). Se trata de polímeros orgánicos que son escasamente absorbidos y no pueden ser metabolizados por la flora colónica. La dosis suele ser de 6-36 gramos una o 2 veces al día. Otros pueden ser el lactitol (Emportal) o lactulosa (Duphalac), que son disacáridos sintéticos, basados en galactosa o fructosa que no se pueden absorber en intestino delgado, pero sí son fer- mentados en colon por la flora, formando ácidos grasos de cadena corta.

El polietilenglicol (Movicol) se puede emplear a dosis de 3-9 gramos al dia o 250-500 mililitros al dia.

Las sales de magnesio (Magnesia San Pellegrino y CINFA so- bre de 2,24 gramos.

La lactulosa se puede tomar una dosis inicial de 15-45 milili- tros una o 2 veces al dia durante los 3 primeros días y después reducirlo a una dosis de 10-25 mililitros diarios.

El lactitol podemos iniciarlo también a una dosis mayor de du- rante 4-5 días (30 mililitro o 20 gramos al dia) y después reducirlo a una dosis inicial de 15 mililitro o 10 gramos diarios.

d) Laxantes estimulantes (Senósidos 12-150 mg/dia; Bisacodilo 5-10 mg/dia; picosulfato sódico (Evacual 5-10 gotas al dia). Tam- bién dulcolaxo comprimidos de 5 mg.

e) Agentes procinéticos: tenemos los siguientes:
- Prucaloprida 1-2 mg al dia: se trata de un potente agonista selectivo 5-HT4. Tiene metabolismo parcial hepático y se elimina por via renal. Está contraindicado en la obstrucción intestinal, insuficiencia renal o hepática significativa, así

como en la gestación. Sus efectos secundarios son cefalea, nausea, dolor abdominal y diarrea.

- Lubiprostona (Amitiza): 24 microgramos cada 12 horas. Efecto directo sobre los canales de cloro. Contraindica- do en gestación, lactancia y obstrucción intestinal. Como efectos secundarios diarrea, dolor abdominal y nausea.

f) Linaclotide: es un fármaco que actua directamente estimlando los receptores de la guanilato ciclasa tipo C. Dosis de 290 microgramos cada 24 horas. Está contraindicado en la obstrucción intestinal, embarazo y lactancia.

Capítulo 7: Colitis ulcerosa

La colitis ulcerosa es una de las entidades que está englobada como enfermedad inflamatoria intestinal crónica que puede cursar en brotes de actividad con severidad variable. Clásicamente se manifiesta como rectorragia, con aumento del número de deposiciones que suelen ser escasas, de consistencia blanda con posibilidad de moco o restos hemáticos. Además el paciente suele referir tenesmo (sensación de disconfort tras la deposición), así como dolor tipo retortijón. En casos graves puede manifestar síntomas generales.

La afectación inflamatoria en la colonoscopia muestra una afectación continua que aparece desde el recto y se extiende proximalmente en mayor o menor medida, presentando una pancolitis ulcerosa, colitis izquierda o proctosigmoiditis ulcerosa. La presencia de ulceras es un indicador de gravedad. Generalmente la colonoscopia muestra una mucosa eritematosa, granular, edematosa y friable al roce (sangrado fácil cuando se roza con la punta del endoscopio), úlceras en botón de camisa, así como formación de pseudopólipos, que son elevaciones mucosas que suelen salir en el proceso reparativo de cicatrización de úlceras mucosas que haya presentado el paciente. La afectación es, por tanto, difusa con afectación exclusiva de la mucosa.

El patólogo podría encontrar en las biopsias la presencia de abscesos crípticos, deplección de mucina y de células calificiformes con distorsión de la arquitectura glandular, metaplasia de células de Paneth.

Es muy importante valorar a estos pacientes su estabilidad hemodinámica (tensión arterial, frecuencia cardiaca, posible palidez mucocutánea) cuando nos comentan que han presentado aumento del número de deposiciones, especialmente si presentan restos hemáticos en ellas asociado, especialmente a fiebre.

Si existiera inestabilidad hemodinámica o si tuviera fiebre con deposiciones con sangre, lo adecuado es remitirlo al Servicio de Urgencias del hospital para que sea sometido a una radiografía ab- domen para descartar la posibilidad de megacolon tóxico, así como de analítica urgente que incluya bioquímica básica, gasometría ve- nosa, hemograma con coagulación urgentes, con reactantes de fase aguda como VSG, PCR, calprotectina en heces, coprocultivos, pará- sitos en heces y toxina de Clostridium Difficile, especialmente éste último si tomó recientemente antibióticos o estuvo ingresado en el hospital.

Durante el ingreso habrá que descartar también si ha presentado una sobreinfección pro Salmenolla, Yersinia, Campylobacter, Giardiasis.

Si el paciente hubiera realizado práctica homosexual, sería recomendable descartar rectitis por Clamydia, lues, estudiar exudado rectal de Neisseria gonorrea, así como herpes simple. Si se trata de un paciente ya diagnosticado de colitis ulcerosa, y con tratamiento inmunosupresor (esteroides, azatioprina y/o anti-TNF), se debe descartar sobreinfección por citomegalovirus (CMV).

Se deben hacer diagnóstico diferencial de otras patologías, entre ellas debemos descartar colitis microscópica (biopsias en colon), pe- dir anticuerpos transglutaminasa (enfermedad celiaca del adulto), que se haya descartado en las biopsias colónicas la posibilidad de colitis isquémica (generalmente con afectación de angulo esplénico del colon, edad más avanzada y se trata de pacientes con síndrome metabólico con distintos factores de riesgo cardiovascular como diabetes, hipertensión arterial).

Es recomendable que una patología que puede generar riesgo vital en el paciente con colitis ulcerosa se descarte, como es el caso de la reactivación de la tuberculosis (TBC). Para descartarla, se recomienda que a estos pacientes se les realiza un Mantoux (inyección intradérmica de tuberculina) con lectura a las 72 horas. Si además el paciente tiene clínica de tos crónica productiva y expectoración con frecuencia, es conveniente que añadamos baciloscopia del esputo y radiografía de tórax postero-anterior y lateral para descartar lesiones pulmonares.

En caso de que el paciente esté inmunodeprimido por estar ya con inmunosupresores, esteroides o anti-TNF (tratamiento biológico con Humira o Remicade), se recomienda que a la semana de un primer Mantoux negativo (ausencia de elevación dérmica a las 72 horas), sometamos al paciente a una 2° dosis de tuberculina (Boos- ter) o incluso solicitar un IGRA (prueba de estimulación del interferon), que generalmente no la disponemos como recurso, sino que tendríamos que contactar con el Departamento de Neumología, para que autorice esta determinación. Es la prueba ideal para des- cartar TBC en pacientes sometidos a un grado de inmunosupresión, y en los que el Mantoux puede haber resultado falso negativo.

En el caso de la colitis ulcerosa disponemos de una clasificación internacional aceptada y que está basada en la extensión y gravedad de la enfermedad y que es conveniente que conozcas, pues podría estar especificada en el informe de alta de tu paciente.

Es la conocida clasificación de Montreal, en el que la extensión se especifica con la letra E. Así tendremos:

> E1: Proctitis ulcerosa (afectación limitada al recto).
> E2: Colitis ulcerosa izquierda o distal (afectación distal a angulo esplénico.
> E3: Colitis ulcerosa extensa o pancolitis.

Mientras que la severidad se expresará con la letra S (severity) y así tendremos 4 grados:

> S0: Remisión clínica o asintomático.
> S1: Afectación inflamatoria leve con 4 o menos deposiciones en 24 horas, sin síntomas sistémicos.
> S2: Afectación inflamatoria moderada con 5 deposiciones con es casos síntomas sistémicos.

S3: Afectación inflamatoria grave con claros síntomas sistémicos (número de deposiciones > 6 deposiciones al día, taquicardia con > 90 latidos por minutos, temperatura mayor o igual a 37,5° C, hemoglobina menor de 10,5 g/dl y/o VSG mayor de 30 mm/hora).

Hay diferentes índices de actividad inflamatoria, siendo el más conocido el de Truelove-Witts. En cuanto al tratamiento para la colitis ulcerosa, va a depender de su grado de severidad.

En caso de brote de severidad leve-moderado, si el paciente tiene:

a) Proctitis ulcerosa: lo recomendable será tratarlo con 5-ASA (mesalazina rectal en supositorio de 1 gramo): Claversal 2 supositorios de 500 mg al día; supositorio de Pentasa de 1 gramo; o 1 suposito- rio de Salofalk de 1 gramo al dia.

b) Colitis izquierda o distal con actividad leve o moderada: lo recomendable es un enema o espuma de 5-ASA (2 aplicaciones diarias de espuma de Claversal de 1 gramo; 2 aplicaciones diarias de suspensión rectal 1gramo/100 mililitro de Pentasa; o bien, 2 aplicaciones de espuma de 1 gramo de Salofalk al dia, o una aplicación rectal de suspensión rectal de 4 gramos/60 mililitros al día de Salofalk.

c) Pancolitis con actividad leve-moderada: 5-ASA oral + al menos 2 gramos de 5-ASA rectal. Añadiremos al tratamiento anteriormente comentado en la colitis izquierda, tratamiento con 5-ASA oral:

- 2 comprimidos cada 12 horas de 500 mg de Claversal (Eugradit L): efecto sobre yeyuno, ileon y colon.
- 3 comprimidos al dia de 800 mg de Asacol (Eudragit S): efecto sobre ileon y colon.
- 1 sobre de microgránulos de etilcelulosa con mesalazina de 2 gramos (Pentasa): efectos desde duodeno a recto.
- 2 comprimidos de Salofalk (Eudragit L) de 1,5 gramos o 1 comprimido de Salofalk de 3 gramos al dia: Efecto sobre ileon distal y colon.
- 2 comprimidos de Mezavant de 1,2 gramos al dia (Eudragit S con sistema multimatricial). Efecto sobre ileon terminal y colon.

Deberá evaluarse la respuesta a las 2 semanas de tratamiento. Se considerará que estará en remisión el paciente si se encuentra clínicamente mejor tras 4-8 semanas de terapia. Si el paciente mejora mantener la terapia hasta 2 meses con 5-ASA rectal que podemos emplear con intervalos más amplios de hasta 72 horas.

En caso de que no consigamos la remisión clínica a las 2 semanas de iniciarlo, podemos emplear asociado al tratamiento previo, en caso de proctitis o colitis izquierda, enemas de esteroides por la mañana (Budesonida rectal tales como Entocord enemas de 2 gra- mos; Intestifalk espuma rectal de 2 gramos diarios, Dipropionato de Beclometasona enemas de 1 mg, o bien, Proctosteroid aerosol espuma rectal con Triamcinolona de 10 mg). Podemos incluso optimizar la dosis de 5-ASA, incrementándola hasta 4,8 gramos al dia.

Por supuesto, previamente habremos debido excluir sobreinfección bacteriana intestinal confirmando la negatividad de los coprocultivos, parástitos heces y toxina de Clostridium Difficile y normalmente el Digestivo habrá tomado biopsias rectales para descartar sobreinfección por CMV, especialmente si el paciente ya estaba recibiendo tratamiento esteroideo oral.

Si el paciente tras 2 semanas con tratamiento tópico con 5-ASA + esteroides no mejorara, tendremos que emplear los esteroides orales en los pacientes con colitis ulcerosa leve-moderada y evaluar respuesta a las 2 semanas de iniciarlos. Así tendremos como posibilidades:

a) Prednisona 60 mg/ dia oral (Dacortin o Prednisona alonga).
b) Deflazacort (Zamene). Menos eficaz.

Si pasadas 2 semanas de estar con esteroides el paciente no termina de mejorar, podemos asociar en la colitis ulcerosa leve-moderada tratamiento con Azatioprina (Imurel 50 mg) 1 comprimido al día. No estaría mal solicitar previamente la determinación de la Tiopurilmetil transferasa (TPMT), para descartar que en dicho paciente no existe riesgo de mielotoxicidad por este fármaco inmunosupresor, que generaría leucopenia y/o netropenia tóxica.

Por ello, en caso de iniciarlo, sería recomendable realizar determinaciones cada 15 días por su médico de cabecera de hemograma para advertir de este efecto secundario a su Digestivo en caso de aparecer la mielotoxicidad.

Algunos pacientes intoleran la azatioprina, presentando dolor abdominal, nauseas, vómitos, incluso elevación de fermentos pancreáticos (pancreatitis aguda), que no es dosis- dependiente, sino sería una reacción idiosincrásica.

Es importante tener claro cuando un paciente con colitis ulcerosa es corticodependiente y cuándo es corticorefractario.

Lo consideraremos corticodependiente en los que no es posible disminuir la dosis de prednisolona (o equivalente) por debajo de 10 mg/día (o budesonida por debajo de 3 mg/día) a los 3 meses de comenzar el tratamiento con corticoides o aquellos que tienen una recaída clínica en los tres meses siguientes a la suspensión de corticoids, mientras que sera corticorefractario cuando persiste la enfermedad active, a pesar del tratamiento con prednisolona oral > 0,75 mg/kg/día durante 4 semanas.

Si el paciente se comporta como tal, debemos emplear necesariamente tratamiento inmunosupresor con Azatioprina, previa determinación de la TPMT. Se evaluará la respuesta

generalmente a las 12 semanas (3 meses) y si el paciente sigue sin responder tendremos que asociar al Imurel tratamiento biologico con anticuerpos monoclonales frente a la molécula de factor de necrosis tumoral (los llamados anti- TNF), entre los que destacamos el Humira (Adalimumab, de administración subcutáneo con dosis de mantenimiento cada
2 semanas) o Remicade (Infliximab de administración intravenosa, generalmente en el Hospital de Día o ingresado, tiene porción de ratón y require premedicación con antihistaminicos intravenosos y con administraciones de mantenimiento cada 8 semanas).

En caso de mala respuesta inicial o de disminución progresiva de la respuesta, el Digestivo podrá indicar lo que llamamos intensificación del tratamiento biologic, generalmente aumentando la dosis del fármaco (pasando el Humira de 40 mg sc a 80 mg o bien pasando de 5 mg de Remicade a 10 mg) o bien reduciendo el intervalo interdosis de estos fármacos, es decir el Humira podría pasar en lugar de bisemanal a seminal y el Remicade en lugar de 8 semanas cada 4-6 semanas. Siempre puede ser recomendable asociar probióticos, en especial dosis de Echerichia Coli subtipo Nissle.

En caso de que el paciente tenga una colitis ulcerosa leve-moderada corticorrefractaria y haya fracasado a la combinación con Imurel + anti-TNF (Adalimumab o Infliximab), se podría cambiar el biologico por el otro, para ver si la respuesta es mejor que con el biologico que tenía.

Si el paciente, en lugar de una colitis ulcerosa leve-moderada, tiene una colitis ulcerosa grave o severa, caracterizada por diarrea sanguinolenta con > 6 deposiciones en 24 horas, y además, 1 o más de los siguientes signos de toxicidad sistémica:

a) Taquicardia de > 90 latidos por minutes.
b) Fiebre de más de 37,8 °C.
c) Hemoglobina < 10,5 gramos por decílitro.
d) Velocidad de sedimentación globular (VSG) > 30 mm/hora.
e) PCR mayor de 30 mg/dl.

Este paciente tendrá criterio de traslado urgente al Hospital, para ingreso hospitalario. Para ello, lo hemos reiterado anteriormente, es fundamental descartar sobreinfección. Lo normal es que le hagan una radiografía de tórax, para descartar neumonía o IPA y demostrar que no tiene lesions residuales de TBC, en la que hubiera riesgo de reactivación, Mantoux o IGRA, coprocultivos, parasitos en heces y toxina de Clostridium Difficile, y rectoscopia muy preferente para biopsias en recto para descartar sobreinfección de cytomegalovirus (CMV), así como urocultivo si síndrome miccional para descartar infección del tracto urinario.

Una vez descartada y si es posible habiendo dispuesto de una serologia por virus de la hepatitis B, se iniciará tratamiento con esteroides intravenosos con Urbason (Metilprednisolona a dosis de 1 mg/kg/día intravenoso) y debemos evaluar si mejora su situación clinic-analítica a los 3 dias (a las 72 horas). Si evoluciona favorablemente, pasaremos posteriormente a esteroides orales, generalmente con Prednisona 60 mg/24 horas asociado a calico + vitamina D cada 12 horas mientras tome esteroides.

Si no respondiera adecuadamente, tendremos 2 opciones, dependiendo de que el paciente estuviera ya tomando azatioprina o no. Si la estuviera tomando, iniciaríamos tratamiento directamente con anti-TNF (Adalimumab o Infliximab), o mejor incluso tratamiento con Ciclosporina intravenosa, siempre que el paciente no tenga hipomagnesemia o hipocolesterolemia, de ahí la importancia que el paciente esté bien nutrido, para lo cual sería conveniente que contactemos siempre que se pueda con el departamento de Nutrición para que nos asesore en cuanto a nutrición enteral, preferentemente, y si no fuese posible la administración oral, intentaríamos antes una nutrición enteral con sonda nasogástrica, y en ultimo termino si el paciente no tolerara por vómitos o nauseas frecuentes, indicaríamos una nutrición parenteral total intravenosa.

Si no la estaba tomando, además de esteroides intravenosos, añadiremos al 3º día tratamiento asociado de azatioprina a dosis de 50 mg/dia + anti-TNF.

En caso de que el paciente haya sido tratado con azatioprina + anti-TNF o ciclosporina intravenosa, deberemos evaluar la evolución clínica-analítica de nuestro paciente generalmente a la semana de iniciarlos, de forma que si responden, iniciaremos tratamiento de mantenimiento con ciclosporina neooral asociada a azatioprina si el paciente fue controlado con ciclosporina intravenosa y si el control se obtuvo con anti-TNF +azatioprina, los mantendremos con intervalos correspondientes.

Salvo los pacientes con proctitis ulcerosa, los pacientes con colitis ulcerosa con afectación izquierda o pancolitis tienen un riesgo mayor de desarrollar cancer de colorrectal. Por ello, en este subgrupo se debe realizar screening de lesiones epiteliales mediante colonoscopia total aproximadamente a los 6-8 años de debutar con este diagnostico. La frecuencia con que someteremos a estos pacientes dependerá si existen factores de riesgo como una afectación pancolítica, colitis ulcerosa severa previa, presencia de pseudopólipos o de colangitis esclerosante primaria asociada.

En ese caso se considerará al paciente de alto riesgo y deberemos someter a una colonoscopia cada 1-2 años a partir de los 8 años en que se realice el diagnostico. Si no presenta ninguno de estos criterios de riesgo, los intervalos entre colonoscopia podrán ser más amplios (cada 3-4 años) a partir de los 8 años de haberse diagnosticado.

La seguridad de estos fármacos en el embarazo y en la lactancia es adecuado que lo conozcas, pues tendrás que advertírselo a una gestante o a una mujer previamente diagnosticada de colitis ulcerosa y que tenga deseos de procrear. Se consideran fármacos con riesgo bajo durante el embarazo aquellos pertenecientes a la categoria A y B de la FDA.

La mesalazina pertenece a la categoria B: en teoria no existen efectos teratogénicos ni problemas para dar lactancia. La Budesonida es un esteroide que no es teratogénico ni tiene problemas en lactancia tampoco.

La prednisona pertenece a la categoria C, por lo que no se recomienda durante la gestación por riesgo de alteración del desarrollo del palatino, que se forma durante las semanas 8-11. Durante el 2º-3º trimestre puede asociarse a un mayor incidencia de retraso de desarrollo intrauterino, parto prematuro, hipoglucemia transitoria, hipotonía y trastornos hidroelectrolíticos en el recién nacido. En teoria no hay problemas para darla durante la lactancia, por su escasa disponibilidad oral en leche maternal.

Aunque la azatioprina pertenece a la categoria D de la FDA, puede emplearse durante la gestación y no suspenderla en caso de que la paciente la estuviera tomando cuando se queda embarazada, y tampoco hay problemas por administrarla durante la lactancia.

Los anti-TNF como adalimumab o infliximab no tiene problemas para que continuen las gestantes administrándoselo durante el embarazo y pueden dar de mamar sin problemas.

En algunos casos, con colitis ulcerosa se producirá anemización severa, que podemos resolverlo con indicación de transfusion sanguine, pero también podemos emplear hierro intravenoso en el Hospital de Dia o ingresado, terapia que suele ser muy solicitada en pacientes pertenecientes a los testigos de Jehová, por ejemplo. Si se trata de un paciente con peso menor de 70 kilogramos y una hemoglobin basal mayor de 10 gramos por decílitro, estará indicado administrar 1000 mg de hierro carboximaltosa intravenoso diluido en 250 ml de suero fisiológico durante 15 minutos.

Si se trata de un paciente con menos de 70 kilogramos con una Hemoglobina menor de 10 gramos/dl, le corresponderá 1000 mg de hierro carboximaltosa a pasar en 15 minutos, seguido de 500 mg de hierro carboximaltosa diluida en 100 cc de suero fisiológico a pasar en 6 minutos. Esta misma dosis le corresponderá apacientes con un peso igual o mayor de 70 kilogramos con una hemoglobina basal mayor o igual a 10 gramos/decílitros.

Si el paciente tuviera un peso mayor o igual de 70 kilogramos y una hemoglobina basal < 10 gramos por decílitro, lo que estaría indicado es 2 dosis sucesivas de 1000 mg de hierro carboximaltosa (2000 mg en total), diluidas ambas en 250 mililitros de suero fisiológico a pasar en 15 minutos cada una.

En cuanto a vacunaciones, estableceremos los siguientes criterios:

a) Vacuna del tétano y difteria (toxoide): Pacientes no inmunocomprometidos y previamente vacunados: 1 dosis cada 10 años. Pacientes sin historia clara de vacuna: 3 dosis de primovacunación. Si el paciente está sometido a tratamiento inmunosupresor se actuará igual.

b) Vacuna de hepatitis A (virus inactivados): Si el paciente no está sometido a inmunosupresión en preadolescentes no vacunados y grupos de riesgo profesional/conductual:

c) 2 dosis (0,6-12 meses). En pacientes sometidos a inmunosupresión y seronegativos: 2 dosis (0, 6-12 meses).

d) Vacuna de hepatitis B (Ag HBs -): en personas previamente no vacunadas (antiHBs−, anti-HBc−): pauta acelerada a doble dosis (0,1,2 meses) si no está inmunodeprimidos, de igual forma que haremos en inmunodeprimidos. la respuesta serológica debe evaluarse al 1-2 meses tras la última dosis. Si no hay respuesta adecuada, revacunar con la misma pauta y dosis (0,1 y 2 meses). Se recomienda alcanzar títulos protectores > 100 UI. En pacientes adolescentes o adultos jóvenes que han perdido la seroprotección, se recomienda la administración de una dosis única de recuerdo.

e) Vacuna de gripe (virus inactivados): Pacientes no vacunados: 1 dosis annual, tanto inmunodeprimidos como no.

f) Vacuna de Neumococo (polisacárida o conjugada): Personas no vacunadas: VNC13 seguidas de VNP23 (intervalo mínimo 8 semanas) Personas vacunadas con VNP23 (≥ 1 año): VNC13. Revacunar con VNC23 si ≥ 5 años de la primera dosis tanto en inmunodeprimidos como si no lo son.

g) Vacuna de sarampión, rubéola y parotiditis (virus vivos atenuados): está contraindicado si el paciente está inmunodeprimido, que serán aquellos que estén recibiendo tratamiento con corticoides (dosis equivalente a ≥20 mg/día durante ≥2 semanas), tiopurinas, metotrexato, ciclosporina, tacrolimus o fármacos anti-TNF. En pacientes no inmunodeprimidos no inmunizadas: 1 o 2 dosis (intervalo ≥ 28 días).

h) Vacuna de varicela (virus vivos atenuados): en teoría estaría contraindicada en inmunodeprimidos, teniendo en cuenta que debemos considerar el riesgo potencial y los beneficios de la vacunación en pacientes con alto riesgo de exposición a la infección (p. ej., niños, maestros, profesionales sanitarios) y sin inmunización previa. En pacientes no inmunodeprimidos se puede poner en personas no inmunizadas: 2 dosis (0,1-2 meses).

i) Vacuna de virus del papiloma humano (proteínas recombinantes): Mujeres y hombres entre los 11-14 años (antes de comenzar la actividad sexual): 3 dosis (0,2 y 6 meses).

j) Vacuna de meningococo del grupo C (polisacáridos) y vacuna de Haemophilus influenzae tipo b (polisacáridos): solo poner en inmunodeprimidos seronegativos: 1 dosis única. Para éste ulti mo se debería repetir dosis en 1-2 meses en pacientes con infección VIH o déficit de IgG.

Hay paciente que con colitis ulcerosa que pueden haber sido intervenidos quirúrgicamente, siendo sometidos a una colectomia subtotal con anastomosis ileorrectal. La colectomia total sí es curativa en la colitis ulcerosa, de forma que el paciente ya no sufriría de nuevos brotes, porque la afectación inflamatoria es exclusiva de solo el colon, a diferencia de la enfermedad de Crohn que puede afectar desde la boca al ano y una colectomia total no evitaría afectación de otros segmentos intestinales.

Por ello, si tras ser intervenido un paciente con colitis ulcerosa con colectomia y dejan un segmento de recto remanente podría padecer en un futuro lo que conocemos con Pouchitis, que es una entidad que debes al menos conocer como médico de familia.

Generalmente estos pacientes son tratados como tratamiento de primera línea con antibióticos, habitualmente metronidazol 500 mg cada 8 horas o ciprofloxacino 500 mg/12 horas durante 2 semanas. Se puede emplear probióticos como VSL-5 además. Si el paciente no respondiera, se pueden asociar estos 2 antibióticos, pero ésta vez durante 4 semanas seguidas o bien cambiarlos por Rifaximina 2 comprimidos cada 12 horas o Tinidazol durante 4 semanas para ver si hay respuesta.

En caso de fracaso de respuesta se podrían ensayar antes de plantearnos una reconstrucción quirúrgica de la Pouchitis con 5-ASA, esteroides tópicos y/o orales, inmunomoduladores, incluso pueden llegar a ser tratados antes de someter al paciente a cirugía a tratamiento biologico con anti-TNF (Adalimumab o Infliximab).

Los anti-TNF o tratamiento biologico para la colitis ulcerosa son tratamientos muy potentes, selectivos, que actuan sobre dianas terapéuticas específicas, que han cambiado la historia natural de estos pacientes, al evitar la colectomia total en muchos pacientes, y aunque, son tratamientos que se administran periódicamente con intervalos claramente definidos, ha permitido que muchos de estos pacientes tengan una calidad de vida mucho mejor. Su coste inicial fue alto, pero el hecho de que hayan sido aprobado recientemente los biosimilares, sus costes son mejores actualmente.

El algoritmo terapeútico contemplado en la colitis ulcerosa puede incluir los siguientes fármacos, que han demostrado su eficacia en diferentes estudios y en práctica clínica:

a) Mesalazina oral a dosis de 2-4,8 gramos al día.
b) Mesalazina rectal a dosis diaria de 1-2 gramos al día.
c) Budesonida rectal 2 gramos al día.
d) Prednisona 0,75-1 mg/kg/ día.
e) Azatioprina o Imurel 2-2,5 mg/Kg/dia (máximo 3 mg/kg/día).
f) Si el paciente tuviera brote grave en regimen de ingresado podría haber recibido una dosis de ciclosporina iv a dosis de 2 mg/kg/día intravenoso.
g) Si el paciente recibiera el inmunosupresor denominado Tacrólimus, recuerda que el rango terapeútico esta entre 10-15 nanogramos por mililitro.
h) Tratamiento biologic: disponemos actualmente de 5 fármacos:

- Adalimumab o Humira es un anti-TNF que se administra de forma subcutánea, empezando por dosis más altas y posteriormente baja hasta una dosis de mantenimiento de 40 mg sc que se administrarán cada 2 semanas. Así su pauta es: 1° dosis o semana 0 (160 mg subcutáneo). Tiene la ventaja que puede administrarse en su domicilio. Es totalmente humano. 2° dosis o semana 2 (80 mg subcáneo subcutáneo). 3° dosis o semana 4 (40 mg subcutáneo), y a partir de ahí ya recibirá una dosis de 40 mg subcutánea cada 2 semanas.

- Infliximab o Remicade: se trata de otro anti-TNF de origen murino. Por tanto, requiere premedicación con antihistamínicos y/o paracetamol intravenosos. Es recomendable que este paciente reciba azatioprina o imurel para evitar por su origen murino la aparición de anticuerpos bloqueantes de este fármaco que haría que perdiera eficacia progresiva, pues al menos la retrasaría.

  Este fármaco al ser intravenoso tiene no puede ser administrado en domicilio y generalmente el paciente lo va a recibir en el Hospital de Día o bien en regimen de ingresado. La pauta posológica será un infusion inicial a pasar en 1-2 horas que sera de 5 mg por kilogramo de peso intravenoso en la semana 0. Esta misma dosis se administrará en semana 2, 6 y posteriormente sera cada 8 semanas (2 meses).

- Golimumab: es otro anti-TNF que salió posteriormente a los otros dos y, por tanto, se emplea de forma más infrecuente. Al igual de Adalimumab es de administración subcutánea. Se comienza con dosis más elevadas y posteriormente va bajando, dependiendo del peso del paciente. Así se inicia con una dosis en semana 0 o 1° dosis de 200 mg subcutáneo. A las 2 semanas recibirá la 2° dosis de 100 mg subcutáneo y ya dependiendo de que tenga un peso mayor o menor de 80 kilogramos, recibirá a partir de la 4° semanas y cada 4 semanas en adelante una dosis respectivamente de 100 mg subcutaneo (> 80 kg) o 50 mg subcutáneo si pesa menos.

- Vedolizumab: no es un anti-TNF, sino una anti-integrina a4b7. Tiene similitud con el infliximab y es que se administra al igual que él de forma intravenosa y la pauta de administración es similar (0, 2, 6 semanas y posteriormente cada 8 semanas, igual que él).

- Tofacitinib: tampoco es un anti-TNF. Se trata de un biologico que va destinado frente a la JaK 1 y 3 (anti-Jak 1 y 3). Se administra, a diferencia de los demás, por vía oral a dosis de 15 mg cada 12 horas.

Antes de autorizar un tratamiento biologic, bien sea un anti-TNF o anti-integrina, se debe respetar un protocolo de seguridad del paciente, en la que se haya descartado las siguientes cuestiones:

a) Descartar infección activa de TBC: para ello, solicitaremos Mantoux, Igra y/o radiografía de tórax. En caso de tos con expectoración se debería recoger baciloscopia de esputo y cultivo de Lowestein. En caso de detectar lesiones pulmonares, se recomienda que sea valorado antes por Neumología.

Si el paciente tiene una tuberculosis latente, con test de IGRA positivo o radiografía tórax anormal o si se considera que ha tenido historia de exposición a paciente con tuberculosis. Se recomienda en ese caso que el paciente sea tratado con quimioprofilaxis con isoniacida a dosis de 300 mg al dia durante 9 meses o bien, rifampicina a dosis de 10 mg por kilogramo de peso y día durante 4 meses. No podremos empezar el tratamiento con anti-TNF hasta que haya trascurrido al menos 1 mes de quimioprofilaxis anti-TBC.

b) Descartar la presencia de positividad de toxina del Clostridium Difficile y parasites en heces, por lo que deberemos realizar estudio en heces antes de administrarlo.

c) Se debería tomar biopsias colónicas o rectales para descartar sobreinfección de cytomegalovirus (CMV), que descartará el patólogo. En caso de positividad habrá que tratar con Ganciclovir intravenoso antes de iniciarlo.

d) El paciente no tendría que tener entre sus antecedentes insuficiencia cardiaca grado III-IV de la NYHA. Si no ha debutado previamente, al menos descartar en la radiografía de torax que no tiene cardiomegalia o un índice cardiotorácico anormal. En ese caso, tendría que valorarlo antes Cardiologia y someterlo a una ecocardio para valorar la fracción de eyección cardiaca y que las cavidades cardiacada sean normales.

e) Descartar enfermedades neurológicas.

f) Historia de neoplasia maligna y si está al menos en remission.

g) Paciente VIH con viremia positivo no controlado con fármacos antivirales, no podría recibir este tratamiento. Tendría, por tanto, que valorarlo antes infecciso y valorarlo antes, iniciando el tratamiento específico.

h) Se debe hacer cribado del virus hepatitis B, de forma que si antes de iniciar tratamiento anti-TNF, el paciente es portador del VHB (AgHBs + con DNA-VHB +), tendría que iniciarse tratamiento antiviral con Tenofovir 245 mg al dia o Entecavir 0,5 mg oral diario. Previamente valorar función renal que esté correcta. Si tuviera cierto componente de insuficiencia renal, tendríamos que solicitar antes de iniciar el tratamiento antiviral el filtrado glomerular, pues la dosis de estos antivirales estaría condicionada por el grado de insuficiencia renal.

Cuanto más insuficiencia renal, mayor será el intervalo de días entre dosis, sabiendo que, por ejemplo, un paciente con insuficiencia renal terminal en hemodialisis, con un comprimido semanal es suficiente.

En los pacientes que tengan signos analíticos de infección pasada con titulos anti-HBs protectores o no, es decir con anticuerpos protectores de la hepatitis o no, generalmente (AgHBs -, anti-HBc + con o sin anti-HBs), este paciente, aunque ha tenido contacto con el VHB, cuando recibiera tratamiento biologic, podría tener riesgo de reactivación del VHB, por lo que antes de iniciar el tratamiento biologic, aunque es AgHBs-, es recomendable solicitar DNA-VHB an- tes y confirmar que es indetectable o negative. Si es así, podremos iniciar el tratamiento biologico sin problemas, pero debemos monitorizar y controlar que no se vaya a producir una reactivación viral. Para ello, determinaremos la viremia del VHB cada 2-3 meses, no siendo necesaria quimioprofilaxis como en el caso anterior, salvo que se detecte viremia positiva, es decir, DNA-VHB detectable.

i) Si el paciente tuviera infección crónica por virus de la hepatitis C, lo normal es que este paciente sea estudiado y someterlo a terapia antiviral, preferentemente con antivirales de acción directal (tratamiento nuevo de la hepatitis C de administración oral), al ser tratamientos más cortos que están exentos de los severos efectos secundarios relacionados con el interferón pegilado.

i) Debe descartarse que no tenga alteración de la

bioquimica hepática. En ese caso tendría que solicitarse estudio de autoinmunidad (anticuerpos antinucleares,

j) anti-músculo liso, anti- LKM y anti-mitocondriales), así como lógicamente la serologia del VHB, VHC y VIH.

k) Las mujeres deberían haber realizado una revision ginecológica con citología de cervix.

l) El paciente deberá realizarse las vacunaciones correspondientes dado que va a ser sometido a una situación de inmunosupresión, sobre todo, si además del tratamiento biologico, estuviera recibiendo además tratamiento con esteroides y/o azatioprina.

Capítulo 8: Enfermedad de Crohn

Se trata de una enfermedad inflamatoria intestinal que genera una importante morbilidad por las manifestaciones clínicas que puede presentar, algunas invalidantes, que limitan la calidad de vidad de estos pacientes, como es la enfermedad perianal.

Clínicamente se caracteriza por malestar general, dolor abdominal en fosa iliaca derecha recidivante, adelgazamiento, desnutrición proteico-calórica, fiebre en ocasiones, diarrea con mayor volumen que la colitis ulcerosa. Puede complicarse con la aparición de masa abdominal como manifestación de colecciones intraabdominales (abscesos intraabdominales o perianales), trayectos fistulosos interasas, entero-vesicales, entero-vaginales, entero-entéricos, sin olvidar la enfermedad perianal.

El recto está frecuentemente afecto con afectación inflamatoria transmural (afecta a capas más profundas de la mucosa, a diferencia de la colitis ulcerosa, que afecta exclusivamente la capa mucosa) y puede afectar de forma segmentaria, alternando segmentos colónicos que pueden estar respetados entre otros segmento que están afecta dos por la inflamación. Además, pueden formarse ulceras penetrantes profundas y serpinginosas, que en su cicatrización pueden llevar a la presentación de estenosis colónicas y sobre todo estenosis en ileon terminal (ileitis terminal propio del Crohn), poniendo de ma- nifiesto otra importante diferencia respecto a la colitis ulcerosa, que consiste que en ésta última sólo se afecta el colon, mientras que en la enfermedad de Crohn, la afectación inflamatoria puede extender- se desde la boca hasta el ano, de forma que puede haber casos de afectación gástrica (epigastralgia), del intestino delgado (síndrome de malabsorción, hemorragia digestiva de origen oscuro con o sin anemia crónica, estenosis de intestino delgado que genera crisis suboclusiva y dolor abdominal en fosa iliaca derecha recidivante).

En un 40% de las biopsias de colonoscopias de pacientes con enfermedad de Crohn se observan granulomas no caseificantes, que habría que diferenciarlo de los caseificantes propios de la tuberculosis, diagnóstico diferencial que siempre hay que pensar en él cuando tenemos ileitis terminal.

Esta enfermedad inflamatoria intestinal, al igual que la colitis ulcerosa, puede presentar manifestaciones extraintestinales como pioderma gangrenoso, eritema nodoso, enfermedad articular, uveítis, colelitiasis, nefrolitiasis, etc.

Muchas veces estos pacientes se evidencian en pruebas de imagen como transito intestinal o TAC abdomen con contraste oral, la presencia de estenosis arrosariada ileal que obliga a hacer diagnóstico diferencial con otras entidades que puede ser diferente etiología, entre las que podemos destacar:

a) Infección intestinal por Yersinia Enterocolítica, Salmonella, Clostridium Difficile, Micobacterium tuberculosis (TBC), Micobacterium Avium complex, actinomicosis, anisakis, citomegalovirus, histoplasmosis. Para descartarla podremos solicitar serología de Campylobacter, Yersinia, coprocultivos, parásitos en heces y toxina de Clostridium Difficile, determinaciones que pueden ser solicitadas desde consulta de Primaria. Podremos descartar lesiones de TBC solicitando Rx torax con Mantoux y lectura del mismo a las 72 horas y en caso de esputo productivo, solicitar baciloscopia de esputo y cultivo de Lowestein. En cuanto a anisakis, realizar una buena anamnesis para descartar ingesta reciente de pescado crudo o poco hecho (comida japonesa, por ejemplo) y que podría simular una ileitis terminal de Crohn.

b) Hay que descartar una espondilitis anquilopoyética, artritis reactiva o psoriasis.

c) Patologia vascular mesentérico como vasculitis en el contexto de un lupus sistémico, Panarteritis nodosa, una púrpura de Schölein- Henoch, enfermedad de Churg-Strauss, artritis reumatoide, granulomatosis de Wegener, granulomatosis linfomatoide, arteritis de células gigantes, arteritis de Takayasu, tromboangeitis obliterante.

d) Isquemia crónica de intestino delgado.

e) Menos frecuente. Adenocarcinoma de ciego o intestino delgado; linfoma de ileon terminal; tumor carcinoide; metástasis de primario.

f) Enteropatía por AINEs (ulceraciones aisladas en ileon terminal), comprimidos con potasio, anticonceptivos orales, ergotamina, digoxina, diuréticos, antihipertensivos.

g) Enteritis eosinofílica (valorar eosinófilos: en caso de estar elevados, se recomienda siempre solicitar parásitos en heces para descartar parasitosis). También es conveniente en algunos casos con diarrea crónica, viajes tropicales, fiebre, dolor en fosa iliaca derecha, se podría hacer un ensayo terapeútico con metronidazol 500 mg cada 8 horas durante 7 dias, que nos serviría como tratamiento empírico para tratar una posible giardiasis intestinal y amebiasis.

h) Menos frecuente podríamos considerar como diagnostico diferencial una sarcoidosis, que normalmente tiene afectación además pulmonar con adenopatías perihiliares pulmonares, hipercalcemia y niveles plasmáticos de enzima convertidora de angiotensina elevada.

Otro diagnóstico que puede simular es una amiloidosis, que descartaría con biopsias rectales + tinción con Rojo de Congoy puede asociarse a hepatomegalia, insuficiencia renal crónica. También pensar en mastocitosis sistémica. También podemos pensar en endometriosis, especialmente en mujeres con menstruaciones muy dolorosas, y que sería recomendable valorara un Ginecólogo, al que habría que remitir.

La actividad inflamatoria de una paciente con enfermedad de Crohn se suele determinar en base al score del índice de Best o también conocido como CDAI (índice de actividad de la enfermedad de Crohn en inglés), de forma que si un paciente tiene 450 puntos diremos que tiene un brote grave, mientras que si tiene una puntuación de este índice comprendida entre 220 y

240 puntos tendrá un brote moderado, siendo leve cuando está comprendido entre 150 y 220 puntos, encontrándose inactivo si su puntuación en este score es inferior a 150 puntos. La variables que recoge este índice son: número de deposiciones líquidas, do- lor abdominal, presencia de manifestaciones extraintestinales (artritis/artralgias; iritis/uveítis; eritema nodoso/ pioderma/alftas; presencia de fisura anal/fístula o absceso perianal; otro tipo de fístulas; presencia de fiebre de > 38,5C en la última semana), necesidad de tomar antidiarreicos, presencia de masa abdominal o no, nivel de hematocrito dependiendo del sexo del paciente y se contempla también la variable peso corporal.

Finalmente se obtiene una puntuación final que establece que grado de severidad inflamatoria tiene nuestro paciente.

Entre el protocolo diagnóstico que se suele emplear para diagnos- ticar a estos pacientes disponemos de:

1) Pruebas analíticas: hemograma (valorar leucocitosis, eosinofilia, si tiene anemia y si es microcítica, podría ser por ferropenia, solicitar ferritina y si es macrocítica, solicitar nive- les de vitamina B12 (consumo de esta vitamina por

sobrecrecimiento bacteriano o resección ileal), por lo que podríamos tratar en el primer caso con Rifaximina y en el segundo caso, estaría deficitaria por falta de absorción, por lo que deberíamos administrar Optovite B12 intramuscular men- sual, tras dosis de choque durante los 2 primeros meses. También solicitar coprocultivos, parásitos en heces (especial- mente si eosinofilia) y toxina Clostridium Difficile, si el paciente estuvo ingresado o recibió recientemente antibióticos de amplio espectro.

En ese caso tratar con metronidazol oral o vancomicina oral asociado a probióticos (casenbiotic, prodefen o produo, etc).

Si el paciente tuviera diarrea no está de más solicitar serologia de gastroenteritis aguda con Yersinia y Campylobacter, así como hormonas tiroideas (TSH) y anticuerpos transglutaminasa para descartar celiaquía de tipo IgA y de tipo IgG si el paciente presentara un déficit de IgA ya conocido para evitar falsos negativos. Los reactantes de fase aguda que podemos solicitar son la PCR, orosomucoide o la calprotectina fecal.

2) Entre las pruebas de imagen más empleadas tenemos el TAC abdomen, que permite valorar muy bien la presencia de alteraciones ileales (engrosamiento parietales, trayectos fistulosos y sobre todo la presencia de colecciones intraabdominales). Para un mejor estudio de trayectos fistulosos, sobre todo en zona perianal e ileal, y estudio fino de la inflamación activa o cicatricial de las asas intestinales destaca la entero-resonancia magnética abdominal., habiendo éstas relegado al tránsito in- testinal.

En casos de difícil diagnóstico o hemorragia digestiva de ori- gen oscuro o anemia ferropénica sin foco en endoscopia oral ni en la colonoscopia, se puede emplear la capsuloendoscopia y en algunos casos de afectación yeyunal la enteroscopia de do- ble balón, que permitiría además la toma de biopsias diagnóstica.

3) Tradicionalmente el paciente se le realiza una ileocolonoscopia, con toma de biopsias ileales y después colónica. En pacientes con epigastralgia o dispepsia puede ser conveniente someterlos

a endoscopia oral para toma de biopsias duodenales por si se hallaran granulomas en el estudio patológico.

Para clasificar la enfermedad inflamatoria intestinal tipo Crohn se emplea la clasificación de Montreal, que utiliza 3 variables:

a) Edad de comienzo (Age o A): así tendremos si el paciente debutó con 16 años o menos (A1), si debutó con enfermedad de Crohn entre los 17 y 40 años de edad (A2) y si debutó con más de 40 años (desde los 41 en adelante) se clasificaría con A3.

b) Localización (location o L): debe presentar afectación con aftas. Así tendremos: L1 (afectación ileo-cecal o ileal pura); L2 (afectación exclusiva del colon); L3 (afectación ileo-colónica que no sea ciego) y L4 (afectación alta desde boca o ileon proximal).

c) Comportamiento (Behaviour o B): B1 (comportamiento inflamatorio o con diarrea); B2 (comportamiento estenosante); B3 (comportamiento perforante, incluida la masa abdominal); p (se añadiría a las anteriores B1p, B2p o B3p, en caso de enfermedad perianal).

En el caso de que tengamos un paciente diagnosticado de enfermedad de Crohn con actividad inflamatoria moderada, si tiene afectación ileal o ileocecal exclusivamente (L1) podremos emplear Budesonida oral asociado o no a azatioprina o metrotexate subcutáneo. Si la afectación por enfermedad de Crohn es colónica (L2) o ileo-colónica no cecal (L3), la budesonida tendrá que ser sustituida por prednisona oral asociada también a azatioprina o bien metrotexate subcutáneo.

Si el paciente tiene además signos sépticos tendremos que asociar antibióticos, generalmente la asociación de ciprofloxacino y metronidazol oral si está en regimen ambulatorio y si estuviera ingresado (Piperacilina + Tazobactam o Tazocel 4/0,5 g iv /8 horas). Se evaluaría la efectividad de este tratamiento tras 1-2 semanas, de forma que si no hubiera respuesta en pacientes tratados con budesonida, podría cambiarse a prednisona. Si el paciente respondiera se iría redu- ciendo progresivamente los esteroides y se quedaría exclusivamente con azatioprina o metrotexate subcutáneo como tratamiento de mantenimiento.

Si tras 12 semanas de tratamiento con esteroides y/ inmunosupresores el paciente no termina de responder y se comportara con corticodependiente o corticorrefractario, se indicaría tratamiento con biológicos (Adalimumab o Infliximab) asociado a azatioprina, para evitar la formación de anticuerpos anti-biológico. Si no respondiera con el biológico elegido a las 10-12 semanas, nos plantearíamos emplear el alternativo, es decir, si decidimos en primer instante emplear Adalimumab, se emplearía el Infliximab como rescate.

Si el paciente tuviera una enfermedad de Crohn con afectación colónica exclusivamente (L2) de grado leve, se iniciaría tratamiento con Mesalazina tópica y/o oral o sulfasalazina oral, mientras que si la actividad inflamatoria era moderada o severa, emplearía- mos prednisona + azatioprina oral o metrotexate subcutáneo.

En el caso de la afectación leve que no respondiera, podríamos añadir prednisona + azatioprina, además de la mesalazina oral y/o tópica. Si la respuesta fuese satisfactoria el paciente reduciría progresivamente la dosis de esteroides y se quedaría con mesalazina oral + azatioprina o metrotexate de tratamiento de mantenimiento.

Si el paciente con Crohn exclusivamente colónico no respondiera pasadas de 10-12 semanas, al comportarse como corticodependiente o corticorrefractario, añadiríamos al inmunosupresor (Azatioprina o Metrotexate), un biológico (Adalimumab o Infliximab). Si pasadas otras 10-12 semanas la respuesta fuera insatisfactoria, podríamos usar un biológico alternativo.

Si se tratara de una enfermedad de Crohn fistulizante, tendríamos que valorar primero si se trata de una fistula perianal simple o es compleja (tiene ramificaciones). En el caso de la simple, deberemos hacer una RMN pelvis para descartar un absceso perianal e iniciar tratamiento antibiótico con metronidazol o ciprofloxacino, asociado según criterio del departamento de Coloproctologia quirúrgica con la colocación de un setón versus fistulotomía. Si la fistula perianal se hace compleja o ya tiene una compleja, además de antibioterapia con ciprofloxacino + metronidazol seria conveniente iniciar tratamiento con azatioprina oral, o bien de un tratamiento biológico (anti-TNF), asociado o no a la colocación de un setón, según la valoración por Cirugía. En algunos casos refractarios que no mejoren se podrá optar por una cirugía derivativa (osteoma).

Se consideran factores predictivos de mal pronóstico y que recomiendan el inicio precoz de tratamiento con inmunosupresores y/o biológicos:

- Edad de debut con < 40 años (enfermedad crónicamente activa).
- La necesidad de esteroides en el 1° ingreso hospitalario (mayor tasa de hospitalizaciones futuras).
- Enfermedad perianal: mayor incidencia de cirugía y corticodependencia.
- Pérdida de peso (< 5 kilogramos) y estenosis ileales (grado B2 de la clasificación de Montreal: enfermedad perianal compleja, mayor incidencia de resección colónico y de delgado y la necesidad de estoma.
- Afectación ileal exclusivamente (grado L1 de la clasificación de Montreal): mayor incidencia de estenosis, necesidad de cirugía y enfermedad penetrante.
- Ulceraciones profundas con una extensión intestinal > 10 %: mayor incidencia de enfermedad penetrante y mayor necesidad de colectomias.

- Fumador de más de 10 cigarrillos al día: mayor necesidad de cirugía, fístula y abscesos. Por tanto, será fundamental que tú como médico de cabecera, insista al paciente con enfermedad de Crohn que sea fumador que deje cuanto antes de fumar, y en caso de tener dificultades para dejarlo, remitirlo a una Uni- dad de antitabaco o Neumologia para que entre en programa de deshabituación del hábito tabáquico que claramente se ha asociado a un pésimo pronóstico en estos pacientes.

Entre los recursos terapeúticos disponibles en los pacientes con enfermedad de Crohn disponemos de los siguientes fármacos:

1. Mesalazina a dosis altas, exclusivamente en pacientes con enfermedad de Crohn colónico (Mesalazina 3-4,5 gramos al día): grado L2 de la clasificación de Montreal.

2. Budesonida oral (3 cápsulas en inducción y 2 cápsulas al dia en mantenimiento, 9 mg al dia o 6 mg al día, respectivamente) en pacientes con afectación ileocecal o ileal exclusiva (L1 de la clasificación de Montreal)

3. Prednisona 0,75-1 mg por kilogramo de peso y día, generalmente asociado a calcio + vitamina D cada 12 horas para evitar la osteopenia/osteoporosis de estos fármacos. Control de la tensión

arterial, restringiendo la sal de la dieta y los niveles de glucemia.

4. Azatioprina: inmunosupresor que se debe de dar a dosis de 2-2,5 mg/kg/día (máximo 3 mg/kg/día).

5. Metrotexate 15-25 mg subcutáneo semanal y debería tomarse con acido folínico también semanal.

6. Metronidazol 500 mg (2 comprimidos de 250 mg) cada 8- 12 horas.

7. Ciprofloxacino 500 mg cada 12 horas.

8. Infliximab (Remicade): anti-TNF administrado intravenoso en Hospital de Día o ingresado en infusión a pasar en 1-2 horas. La dosis será siempre de 5 mg iv por kilogramo de peso. En algunos casos de pérdida de eficacia, generalmente por formación de anticuerpos anti-biológico, el digestivo tendrá que planificar una pauta de intensificación aumentando la dosis, pasando de 5 mg/kg a 10 mg/kg.

9. Las dosis se darán en semana 0, semana 2, semana 6 y posteriormente como mantenimiento cada 8 semanas. En algunos casos, por perdida de eficacia progresiva del fármaco, dado que tiene una parte murina que facilitaría la

formación de anticuerpos frente al fármaco, la pauta podría intensificarse, administrándose como mantenimiento en lugar de cada 8 semanas (bimensual), cada 4 semanas (mensual).

10. Adalimumab (Humira): es otro anti-TNF o biológico que se administra de forma subcutánea con dosis que va decreciendo, empezando con 160 mg en la semana 0, seguido a las 2 semanas de 80 mg, a las 4 semanas de 40 mg y posteriormente como tratamiento de mantenimiento 40 mg cada 2 semanas de forma subcutánea. En caso de intensificación del tratamiento por pérdida progresiva de respuesta, se puede optar por aumentar la dosis, pasando de 40 mg a 80 mg o bien, administrándola en lugar de bisemanal, a ritmo semanal.

11. Certolizumab pegol: es el 3º anti-TNF disponible, más inusual su uso. Tiene en común con el adalimumab, que es de administración subcutánea, pero la dosis es siempre la misma (400 mg), siendo su pauta la siguiente: semana 0, 2, 4 (400 mg sc) y posteriormente como mantenimiento 400 mg sc cada 4 semanas (mensual), diferencia con Adalimumab.

12. Ustekinumab: es otro biológico que tiene una diana terapéutica distinta, ya que va dirigido frente a la subunidad 40 de la Interleucina 12/ Interleucina 23. También se administra de forma subcutánea 90 microgramos y su pauta de administración son semanas 0, 1, 2, 3 (90 microgramos sc) y posteriormente como mantenimiento 90 microgramos sc cada 8 semanas (bimen- sual).

13. Vedolizumab: otro biológico más reciente, que tiene como diana terapéutica la integrina $\alpha 4\beta 7$. Se administra por via intravenosa, por lo que tendría que ser al igual que Infliximab de administración en Hospital de Día o ingresado. Se emplea dosis de 300 mg y la pauta posológica sería semanas 0, 2, 6 semanas y posteriormente como mantenimiento 300 mg cada 8 semanas (bimensual).

14. Mongersen: es un biológico usado infrecuentemente que se administra oral y cuya diana terapéutica es SMAD7.

Capítulo 9: Síndrome constitucional

Es uno de los síndromes que deben ser detectados lo más precoz posible en atención primaria, aunque puede consituir en muchas ocasiones, una manifestación tardía de una neoplasia digestiva, que ya podría estar en fase avanzada, y quizás ya no va a ser posible que el tratamiento sea curativo.

No obstante, es fundamental que el médico de cabecera oriente la anamnesis con intención de detectar síntomas y signos de alarma en patología dispéptica, preguntar si el paciente tiene anorexia en las últimas semanas y sobre todo si está notándose que está perdiendo peso de forma no justificada por dieta hipocalórica o por incremento de su ejercicio físico diario.

Hay que recordar en todo paciente que tenga dispepsia, independientemente de la edad, si tiene algún síntoma o signo de alarma como nauseas, vómitos recidivantes, pérdida de peso no justificada, anemia, hematemesis o melenas, odinofagia o disfagia, debería ser remitido al Digestivo de forma preferente, para que lo someta al paciente a una en- doscopia oral preferente, que debería realizarse en varias semanas y ser valorado como muy tarde por el Digestivo en menos de 1 mes si fuese posible.

En otras ocasiones, el médico de familia, si dispusiera de una consulta rápida de Digestivo, podría remitir al paciente a esta Unidad, para ser atendido en una consulta de acto único. Esto sería, al menos, lo deseable, sin embargo, muchas veces la situación organizativa de las Unidades de Aparato Digestivo, no permiten una gestión de citas que cumpla estos tiempos, y en algunos casos entre el tratamiento empírico que instaura el médico de cabecera y la demora acumulada en las listas de espera del especialista de Digestivo o Medicina Interna, el paciente termina siendo valorado con una demora, que en algunos casos puede ser de varios meses.

Por eso, es tan importante, que cuando un médico de cabecera tenga un paciente con síndrome constitucional, síntomas de alarma en una dispepsia, fracaso de tratamiento empírico, pérdida de peso progresiva con deterioro clínico general del paciente, se plantee remitir al paciente al Digestivo de zona, y en algunos casos, cuando la demora en consultas no pueda ser asumida, remitir al paciente a Urgencias, por si puede ser ingresado para someterlo a pruebas diagnósticas de descarte lo antes posible. Esto permitirá que en caso de un diagnóstico de una neoplasia maligna, ésta se diagnostique en fases más precoces que si estuviéramos esperando a que llegue la cita convencional que nos facilita la administración, además de bajar el nivel de ansiedad del paciente y en su familia, cuando saben que un paciente su clínica va progresando y que conforme pasan las semanas cada vez se va deteriorando más, no dándole buenas sensaciones a todos ellos.

En digestivo tenemos neoplasias que normalmente se diagnostican en fases ya avanzadas, y que por tanto, tienen muy mal pronóstico. En esta situación se encuentran el cáncer de esófago, el cáncer gástrico, el cáncer de páncreas.

Sin embargo, existen otros cánceres, que pueden ser diagnósticados en fases más precoces, como el cáncer de colon, hepatocarcinoma en cirróticos, gracias a que existen programas de prevención, que han reducido la tasas de cánceres en estadios avanzados. En atención primaria, se puede disponer de los marcadores tumorales analíticos como el antígeno carcinoembrionario (CEA), el CA-19.9, el CA-125, la alfafetoproteina, que aunque son poco sensibles en estadios iniciales del tumor, en algunos casos, pueden poner de manifiesto una neoplasia oculta, que obligue a descartar. Típicamente, el CEA se ha empleado para descartar recidiva neoplásica temprana en pacientes ya diagnosti- cado de cáncer de colon. También en paciente con cáncer de páncreas es típico la elevación del marcador CA-19.9.

En pacientes con ascitis, sobre todo en cirróticos descompensados, se puede elevar el marcador tumoral CA-125 y no indicar que tiene una neoplasia o se puede elevar cuando una paciente está en periodo mens trual, y esto no indicaría que tiene una neoplasia ginecológica. También la alfafetoproteina puede elevarse en paciente con hepatocarcinoma, y puede se ha empleado para detectar lesiones ocupantes de espacio en cirróticos, aunque actualmente no está aceptada en la guía europea del hepatocarcinoma. Ésta se puede elevar en procesos de replicación viral de los virus de la hepatitis B o C, sin que eso indique que el paciente tiene necesariamente un hepatocarcinoma. Sí se ha empleado para valorar la efectividad de la quimioembolización hepática en pacientes con hepatocarcinoma que han sido sometidos a esta terapeútica, como respuesta favorable al tratamiento al normalizarse o descender.

La alfafetoproteina se puede eleva en tumores germinales seminoma y en hepatocarcinoma. Menos frecuente puede ser en metástasis hepáticas, adenocarcinoma de pulmón, estómago, páncreas, riñón. Sin embargo, también lo puede hacer en patologías benignas como el embarazo, enfermedades hepáticas como hepatitis, cirrosis hepática, abscesos hepáticos.

El antígeno carcinoembrionario (CEA) se puede elevar en adenocarcinoma de colón fundamentalmente. Se puede elevar y estár en valores patológicos en fumadores, por lo que en ellos, deberíamos indicarles que dejaran de fumar para valorarlo adecuadamente. También puede elevarse en muchos otros tumores, tales como cáncer de mama, pulmón, páncreas, vejiga, medular de tiroides, cabeza y cuello, hígado, melanoma y linfoma. Pero también puede elevarse en patologías benignas hepáticas o renales. Este marcador tumoral es normal que sea empleado por el Digestivo para el seguimiento posterior de un cáncer de colon ya intervenido y que esté en seguimiento en sus consultas.

Por ello, no os debe extrañar que en un informe os solicite como médico de familia de ese paciente, que durante los 3 primeros años del diagnóstico del cáncer de colorrectal, le hagáis un CEA analítico trimestral. Posteriormente durante los año 4º y 5º de seguimiento se hará semestral y pasado los 5 primeros años de seguimiento de un cáncer de colon, ya los controles de CEA podrán ser anuales. En cada caso, si objetivarais elevación patológica del CEA, generalmente por encima de 4 ng, deberíais remitir al Digestivo al paciente con carácter preferente, con objeto de descartar una recidiva tumoral precoz. Lo normal en este caso es que adelantara la colonoscopia que le tocara y solicite un TAC toraco-abdominal preferente para descartar metástasis hepáticas o pulmonares.

El marcador tumoral CA-19.9 se puede elevar en tumores de ori gen pancreático y biliar. También puede ocurrir que se eleve en otros tumores como el cáncer de colon, esófago e hígado. Sin embargo, lo puede hacer tambié´n en patologías benignas como puede ser una pancreatitis aguda, cirrosis hepática o patología bi- liar benigna. También puede elevarse cuando un paciente tiene un episodio de colangitis aguda o coledocolitiasis con ictericia obstructiva benigna, con ascensos moderados.

En casos de pancreatitis crónica calcificante que generalmente son seguidos anualmente con ecografía abdomen y monitorización de un posible debut de insuficiencia pancreática exocrina o endocrina, una elevación del CA-19.9 lenta y progresiva, puede evidenciar la presencia de una cáncer de páncreas, que no siempre es fácil de diagnósticar, precisando en algunos casos una biopsia o punción con aguja fina (PAAF o BAAG) o la realización de una ecoendoscopia oral, en caso de que la resonancia magnética de abdomen no sea concluyente ni de- tecte la presencia de una lesión ocupante de espacio definida, lo que obliga a seguir a este paciente estrechamente por la Unidad de Digesti- vo.

El CA-125 es el marcador tumoral que suele elevarse en tumores epiteliales del ovario, en especial los no mucinosos y sus niveles parecen estar relacionados con el estadio tumoral y con el tipo histológico. Otros tumores que pueden elevar este marcador tumoral son el cáncer de mama, endometrio, vejiga, pulmón, páncreas, hígado, melanoma y linfomas. Sin embargo, éste se puede elevar en procesos benignos como la menstruación, primer trimestre de gestación, postparto, hepatopatías, pancreatitis, insuficiencia renal, derrame pericárdico o pleural, sarcoidosis, tuberculosis, colagenosis, procesos quirúrgicos del peritoneo.

Por supuesto, es recomendable que ante la presencia de un síndrome constitucional, un médico de cabecera, además de hacer una buena anamnesis, haga una búsqueda de síndromes adecuados, para orientar las pruebas diagnósticas que pueda disponer a su mano y oriente hacia la posible derivación más eficiente del paciente.

Es conveniente que valore si existen síntomas depresivos, diabetes mellitus, síndrome constitucional, dolor abdominal epigastrio sordo no muy intenso, cambio del habito intestinal, y sobre todo si desarrolla una ictericia indolora progresiva o colostasis hepática progresiva. En este caso debería descartarse cáncer de páncreas o vías biliares. Valorar pedir el CA-19.9 y gestionar una remisión a Digestivo preferente para someterlo al menos a una ecografía abdomen y/o TAC abdomen con contraste intravenoso.

Si hay signos de hepatopatía crónica como arañas vasculares, edemas maleolares, ascitis, eritema palmar, hábito enólico, elevación de ferritina como reactante de fase aguda o indicador indirecto de enolismo activo, elevación de volumen corpuscular medio (macrocitosis) asociado a elevación de la gammaglutamil transferasa (GGT), con elevación mayor de la GOT o AST más que la GPT o ALT, plaquetopenia, discreto alargamiento del tiempo de protrombina, deberíamos descartar en un paciente con síndrome constitucional la presencia de hepatocarcinoma. Este paciente se podría determinar la serología viral de virus hepatitis B o C, además de remitir al Digestivo para solicitarle si no está disponible en primaria una ecografía-doppler de abdomen, que no sólo descarte la presencia hepática de lesiones ocupantes de espacio, sino además la presencia de trombosis portal tumoral, aunque no se evidenciara ninguna lesión hepática, que puede ser también una manifestación paraneoplásica.

Si el paciente nos cuenta que tiene una historia reciente de disfagia, sobre todo a sólidos, que le obliga últimamente a tener que expulsar los alimentos con neumonía aspirativa reciente e importante pérdida de peso y tiene hábito tabaquico importante, con consumo de alcohol, o si por el contrario, tiene historia de Barrett con sobrepeso y pirosis de larga evolución, en este paciente sería recomendable descar- tar una neoplasia de esófago, que en el primer caso sería un epidermoide a descartar y en el segundo un adenocarcinoma de cardias. Se podría solicitar CEA y sobre todo remitir muy preferente para some- ter a este paciente a una endoscopia oral preferente.

Si, por el contrario, el paciente de > 50 años, que además de un síndrome constitucional, nos comenta que recientemente está notando que tiene rectorragias (sangrado rojo no relacionado con deposiciones), sin prurito anal, tenesmo rectal (insatisfacción después de obrar), sangre oculta en heces positivas. Lo primero a descartar es una neoplasia de colorrectal, por lo que deberías solicitar un hemograma, CEA y sangre oculta en heces en 3 días distintos. Si además tiene anemia ferropénica microcítica, debes remitirlo lo antes posible a su Digestivo de zona para someterlo a colonoscopia preferente.Siempre deberás interrogar los antecedentes familiares de este paciente de cáncer colorrectal, sobre todo los de primer grado (padres, hermanos o hijos).

A continuación, vamos a entrar en detalle destacando las características más importantes que debe conocer un médico de familia sobre los tumores digestivos más reseñables:

1. Cáncer de esófago: destacan 2 variedades (el adenocarcinoma y el epidermoide). Éste último se ha asociado al consumo de tabaco y está reduciendo su incidencia. Sin embargo, el adenocarcinoma está aumentando su incidencia por aumento del sobrepeso de la población e mayor incidencia de reflujo esófago-gastrico. Desafortunadamente, el 50% de los tumores esofágicos se diagnostican en fases avanzadas, donde no existe un tratamiento curativo.

Su clínica suele ser una disfagia rápidamente progresiva mixta (primero a líquidos y después a sólidos), impactación alimenticia, regurgitación de alimentos no digeridos, pérdida de peso marcada. La presencia de dolor torácico suele indicar infiltración mediastínica, lo que es un síntoma de mal pronóstico en este paciente.

La técnica diagnóstica empleada es la endoscopia oral + toma de biopsias, que nos definirá si se trata de una epidermoide, normalmente afecta a cuerpo medio esofágico o adenocarcinoma, típicamente en esófago distal o cardias, generando estenosis cardial. Para el Estadiaje tumoral se emplea el TAC toraco- abdominal con contraste iv y oral, broncoscopia si hay sospecha en TAC de fístula esófago-bronquial, que sería un signo de mal pronóstico y contraindicaría la posibilidad de radioterapia como tratamiento y sobre todo, la ecoendoscopia oral, que nos da in- formación muy exacta del la invasión tumoral loco-regional (extensión tumoral en profundidad y presencia de adenopatías metastásicas), que son muy frecuente en este tumor, al carecer de adventicia.

El PET puede poner de manifiesto la presencia de metástasis a distancia no evidenciada en la TAC y en algunos casos una laparoscopia diagnóstica puede descartar la presencia de carcinomatosis peritoneal del tumor no evidenciada en pruebas de imagen.

En cuanto al tratamiento, si el paciente tuviera metástasis a distancia (hepáticas o pulmonares o afectación de órganos como aorta, cuerpo vertebral o traquea), el estadio sería terminal y sólo podríamos darle tratamiento paliativo para el dolor y nutricional mediante la colocación de una endoprótesis esofágica que le re suelva la disfagia y le permita alimentarse con soporte nutricional (nutrición enteral).

Además una prótesis esofágica permitiría sellar cualquier orificio fistuloso que lo cubriera. En caso de no poderse colocar prótesis esofágica, otras opciones para alimentar al paciente sería una sonda nasogástrica de alimentación, siempre que pueda pasar la sonda la estenosis tumoral con control endoscópico o bien una gastrostomía percutánea endoscópica.

Si el paciente tiene la suerte de ser diagnósticado con invasión mucosa o submucosa superficial (T1m o T1sm1), algo infrecuen- te, podría beneficiarse de una resección mucosa endoscópica o disección endoscópica submucosa y el tratamiento endoscópico sería curativa. Esta técnica pocos centros la realizan y en ese caso debería ser remitido a un centro de referencia regional o nacional para someter a este paciente a esta terapeútica.

Si el paciente tiene invasión hasta la muscular (T1-T2) sin presencia de adenopatías (N0) o metástasis a distancia (M0), podría beneficiarse de un cirugía resectiva del tumor, sin necesidad de tratamiento neoadyuvante (previo a la cirugía) o adyuvante quimioterapíco (posterior a la cirugía). Si por el contrario, el tumor esofágico invade la adventicia (T3) o bien estructuras como pleu- ra, pericardio o diafragma (T4), siempre que no supere más de 6 ganglios metastasicos positivos y no haya metastasis a distancia, el paciente podrá, siempre que no tenga una morbilidad excesiva, someterse a quimiorradioterapia neoadyuvante, con objeto de reducir el tamaño tumoral y posteriormente intentar una cirugia radical.

En cuanto al cáncer gastrico, la variedad más frecuente es el adenocarcinoma y después el linfoma MALT, ambos relacionados con la infección de Helicobacter Pylori, por lo que en pacientes que cuenten historia familiar de cá gastrico, sera muy conveniente realizar estudio serológico o bien si está disponible un TAUKIT o test del aliento de urea para descartarlo en esta población, ya que sería fundamental erradicarlo con las terapias establecidas y comentadas en un tema previo, pues es un colectivo de la población con un mayor riesgo para el desarrollo del cáncer gastrico. Causas menos frecuentes relacionadas con un mayor riesgo de cáncer gastrico, son aquellas familias pertenecientes a síndrome de Lynch, Peutz-Jegher o poliposis adenomatosa familiar.

La clínica puede ser de dispepsia, disfagia, pérdida de peso (síndrome constitucional), síndrome emético, sensación de llenado precoz, anemia ferropénica y menos frecuentemente hematemesis o melenas por hemorragia digestiva alta. Síndromes paraneoplásicos asociados tenemos la presencia de una tromboflebitis, presencia de acantosis nigricans, dermatosis seborreica repentina o prurito. La mayoría de las veces el adenocarcinoma es diagnosticado en fases ya avanzadas, de forma, que aproximadamente el 30% de los adenocar- cinomas presentan ya metastasis a distancia, siendo el órgano más afectado el hígado (40%), peritoneo (carcinomatosis peritoneal) y es habitual la afectación ganglionar perigástrica.

La supervivencia de adenocarcinoma a los 5 años es de solo un 27%. Para el estadiaje se emplea la clasificación TNM (T profundidad del tumor, N como afectación adenopática y M como la presencia de metastasis a distancia). Los tumores con estadio T1a invaden mucosa y muscularis mucosae, los T1b afectan la submucosa. Cuando ya afecta la capa muscular del estómago sería un T2, mientras que si afecta ya al tejido conectivo perigátrico o invade el ligamento gastrocólico o gastrohepático ya tendrá un estadio T3.

Como el tumor perfore el peritoneo visceral (T4a) o afecte órganos adyacentes como bazo, colon transverse, hígado, pancreas o retroperitoneo estaría en fase avanzada y corresponde a T4b. Dependiendo del número de ganglios afectos por el tumor, tendremos N1 (1-2 ganglios afectos), N2 (entre 3 y 6 ganglios) y N3 (7 o más ganglios afectos). Dependiendo de que tenga metasta- sis a distancia o no, tendremos respectivamente M0 o M1.

El diagnostico se realiza con endoscopia oral + biopsias para estudio anatomopatológico. Existen 2 tipos histológicos con diferente pronóstica: uno el intestinal (bien diferenciado) y el difuso (indiferenciado) de la clasificación de Lauren. El tipo intes- tinal tiene estructura glandular, están implicados factores ambientales y dietéticos, afecta a zonas con alto riesgo, mayor incidencia en varones y tiene mejor pronóstica, mientras que la de tipo difuso, carece de estructura glandular, está asociado a factores genéticos, tiene una distribución homogénea, afecta más a mujeres y tiene peor pronóstica.

Existen situaciones preneoplásicas como la gastritis crónica atrófica multifocal, que generalmente se asocia a infección del Helicobacter Pylori y con mayor riesgo de metaplasia. También tienen más riesgo de cáncer gastrico es la presencia en las biopsias gástricas de metaplasia intestinal, sobre todo la tipo II y tipo III o de displasia de bajo grado de la clasificación de Padova tipo III, que precisarían controles endoscópicos, mientras que la displasia tipo III de alto grado, tipo IV o V deberían ser resecadas estas lesiones, bien endoscópicamente o quirúrgicamente.

Los pacientes con pólipos gastricos adenomatosos deben ser resecados en todos los casos, siendo más frecuente encontrar los pólipos hiperplásicos, que no tienen riesgo de malignización. También los pacientes gastrectomizados o con enfermedad de Menetrier deberían ser revisados mediante endoscopia por presentar un mayor riesgo.

Todas las úlceras gástricas que sean diagnosticadas endoscópicamente deben ser biopsiadas para descartar que estén degeneradas y confirmar endoscópicamente que están cicatrizadas. Hay que insistir al paciente, además de recibir su tratamiento a dosis doble de IBP durante 2 meses al menos, que deje de fumar, que evite los antiinflamatorios siempre que sea posible o emplear anti-COX2, y confirmar en caso de estar infectado por el Helicobac- ter Pylori, que éste es erradicado, para permitir una correcta cicatrización.

Para estudio de extensión del cáncer gastrico se emplea el TAC toraco-abdominal con contraste intravenoso (estadiaje a distancia), la ecoendoscopia oral (estadiaje loco-regional) y el PET y laparoscopia para casos dudosos o sospecha de carcinomatosis peri- toneal.

La resección quirúrgica suele ser en España el tratamiento de elección, siempre que el tumor sea resecable. Lo más importante es dejar unos adecuados márgenes libres de tumor (al menos 4 cm). Suele realizarse una gastrectomia total en casos de canceres gástricos proximales o aquel con histología difusa. La resección ganglionar suele ser en occidente D1 (ganglios perigástricos en curvadura mayor y menor), mientras que en Japón son más agresivos y suelen hacer una D2 (resecan además los ganglios de la arteria gastric izquierda, arteria hepática, tronco celiac y arteria esplénica). Se recomienda que sean analizados al menos 15 ganglios linfáticos por el patólogo.

En algunos centros de referencia nacional, en caso de que cáncer sea diagnósticado en fase precoz (in situ o en estadio T1), se puede emplear la resección endoscópica mucosa (REM) o bien la disección submucosa endoscópica (DSE). Para que un tumor pueda ser tratado con REM, algo que se valora mediante ecoendoscopia oral, debe invadir solo la mucosa y no haber invadido ningún ganglio linfático.se tiene que tratar de un tumor bien diferenciado, menor de 2 centímetros de diámetro.

Si se trata de un tumor que tiene un diámetro en tre 2 y 3 cm, siempre que sea bien diferenciado, podria ser candidate a disección submucosa endoscópica. Si el tumor mide más de 3 cm de diámetro, está ulcerado o es indiferenciado, la técnica quirúrgica de elección es la cirugía.

Si el cáncer afecta la submucosa (T1b) con una profundidad menor de 500 micrometros (invasion SM1) y mide menos de 3 cm de diámetro, también podría ser candidato a una disección submucosa endoscópica. Si tuviera una profundidad mayor o es indiferenciado tendría que ser operado el paciente.

Los pacientes que tiene un estadio T2 (invasion muscular) generalmente son sometidos a radioquimioterapia perioperatoria (reciben radioterapia y quimioterapia antes de la cirugía y después podrían continuar con radioterapia y/o quimio. La quimioterapia es el tratamiento de elección en el cáncer diagnosticado en fase avanzada o metastasica y suelen emplearse generalmente 2 regímenes: una combinación está basado en epirrubicina, oxaliplatino y 5 fluoracilo y la otra epirrubicina, oxaliplatino y capecitabina.

En estos pacientes con cáncer gastric avanzado o metastasico, debe estudiarse si es portador del receptor 2 del factor de crecimiento epidérmico humano (HER-2), que está presente entre el 5-15% de estos pacientes. Los pacientes que lo tienen pueden beneficiarse de recibir junto a la quimioterapia, tratamiento con un biologico (Trastuzumab). Otros tratamientos biológicos que podrían mejorar el pronóstico son Bezacizumab, Cetuximab, Panitumumab.

En pacientes con cáncer avanzado no resecable quirúrgicamente, que debutan como hemorragia digestiva alta con anemización severa, la radioterapia puede ser empleada para reducir estos episodios hemorrágicos.

Menos frecuente es la incidencia del linfoma gastrico MALT de células B. Puede aparecer, a diferencia con el adenocarcinoma, como pligues engrosados y en ese caso es recomendable una macrobiopsia con asa de polipectomia. Siempre que se realice un diagnostico de linfoma MALT debe investigarse si el paciente está infectado por el Helicobacter Pylori, y si es así, erradicarlo. Generalmente está asociado a mutaciones genéticas (translocaciones).

El paciente puede tener afectación ganglionar supra o infradiafragmática e invadir órganos a distancia, pudiendo el tratamiento variar de poliquimioterapia asociado a Rituximab. En aquellos que reciban terapia basada en Rituximab, es fundamental que se haga cribado de la presencia de infección por virus hepatitis B. Si el antigeno de superficie es positive (AgHBs +) se deberá determinar la viremia y si es positiva, deberá recibir tratamiento profiláctivo con Entecavir o Tenofovir. Si el paciente tuviera anticuerpo frente al core (anti-HBc+), debería monitorizarse la bioquimica hepática, serologia del virus B y viremia cada 2-3 meses mientras lo reciba y mantenerla hasta 1 año después de ha- ber finalizado la terapia basada en Rituximab.

Otro tipo de tumores gástricos más raros son los de origen mesenquimal. Entre ellos, destacamos los tumores GIST, que pueden ser un hallazgo incidental en una endoscopia por dyspepsia, anemia y en otros casos debuta como hemorragia digestiva alta. La inmunohistoquímica es fundamental para diferenciar los diferentes tumores neuroendocrinos. Así tenemos:

- Tumor GIST: son CD-117 (+) y CD-34 (+).
- Tumor leiomioma: son actina (+), desmina (+) y CD117 (-).
- Schawanoma: son S-100 (+), enolasa (+), vimentina (+), pero son negativos (CD-117 y CD-34).

La cirugia es la técnica de elección para los tumores mesenquimales, aunque aquellos que son menores de 2 cm sin signos de malignidad podrían ser revisados con endoscopia annual. En los tumores GIST que sean positivos para c-KIT, podrían beneficiarse de tratamiento con Imatinib o Sunitinib (inhibidores de la tirosin quinasa), administrándose el primero por vía oral a dosis de 400-600 miligramos al día, que permiten reducir el tamaño tumoral o estabilizar el crecimiento tumoral. Suelen administrarse en GIST recidivados, metastásicos o localmente irresecables.

Los tumores de intestino delgado son bastantes infrecuentes, siendo el tumor carcinoide el más frecuente, seguido del adenocar- cinoma. Menos frecuente son los linfomas y leiomiosarcomas de intestino delgado.

Tienen más riesgo aquellos pacientes con enfermedad de Crohn, los pacientes celiacos (riesgo de linfoma no Hodking de células T), aquellos que tienen adenomas (síndrome polipósicos). Existe un mayor riesgo de adenocarcinoma de intestine delgado, aquellos con poliposis adenomatosa familiar (PAF), el cáncer colorrectal hereditario no polipósico o también llamado síndrome de Lynch, así como síndorme de Peutz-Jegher.

La PAF se produce por mutación del gen APC (cromosoma 5), con riesgo mayor de adenomas duodenales (3-5% riesgo de evolucionar a adenocarcinoma). Los pacientes con síndrome de Lynch tienen mutaciones en los genes reparadores de errors de la replicación del ADN (genes MSH1, MSH2, MSH6 y PMS2). El síndrome de Peutz-Jegher tiene la mutación en el gen STK11 y se caracteriza por máculas pigmentadas típicas en labios y mucosa bucal y sus pólipos son hamartomatosos. También tienen más riesgo de tumores intestinales aquellos con un síndrome de MEN-1 (neoplasia endocrina multiple tipo 1, enfermedad de Von Hippel

Lindau o la neurofibromatosis tipo 1 o aquellas familias con GIST familiar caracterizado por la triada de Carney (presencia de tumor GIST gastric, paraganglioma y condroma pulmonar).

Los tumores de intestino delgado suele debutar con dolor abdominal intermitente y cólico, seguido por hemorragia digestiva o anemia ferropénica. También nauseas, vómitos, síndrome constitucional con pérdida de peso, así como situaciones que requieren cirugia de urgencia como invaginación o perforación. Los linfomas intestinales pueden tener asociado los llamados síntomas B, y que debes interrogar al paciente en caso de que tenga fiebre, pérdida de peso y sobre todo sudoración nocturna.

Las pruebas diagnósticas empleadas son TAC abdomen con contraste intravenoso, entero-RMN. Si existiera sospecha de linfoma se recomienda solicitar PET (tomografía por emisión de positrons). Si la sospecha es de un carcinoide, se debe solicitar un octreoscan. La capsuloendoscopia podrá emplearse siempre que el paciente no genere una estenosis significativa. Para su diagnostico se debería emplear una enteroscopia con doble balón, pero su capacidad para llegar a ileon terminal es improbable, ya que generalmente accede bien a los tumores de yeyuno e ileon proximal.

Los tumores carcinoides se localizan habitualmente en ileon termi- nal y debutan con dolor abdominal o invaginación. Liberan serotonina y otras sustancias vasoactivas, por lo que pueden debutar con síndrome carcinoide caracterizado por diarrea secretora, flush- ing cutánea, broncoespasmo, insuficiencia cardiaca derecha, que se produce cuando el paciente tiene metastasis hepaticas.

El tratamiento en tumores localizados es la resección quirúrgica y linfadenectomia correspondiente. Si el paciente tuviera metastasis hepaticas se intentará también resecarlas. Si no fueran resecables, se emplearán análogos de la somatostatina y la quimioembolización hepática transarterial, siendo la quimioterapia convencional ineficaz. Son de elección los análogos de la somatostatina de acción prolongada (LAR): se inicia con Octeótrido de 20 miligramos intra- muscular mensual, pudiéndose subir la dosis a 60 miligramos mensuales.

Los GIST son sarcomas intestinales, que expresan el receptor de tirosinquinasa KIT, lo que lo diferencia de los leiomiosarcomas. Suele ulcerarse y debutar como hemorragia digestiva alta. El 80% tiene mutación en el receptor KIT y un 10% presenta mutación en el receptor alfa del factor de crecimiento derivado de plaquetas (PDGFRA). Los GIST raramente metastatizan los ganglios, por lo que no suele ser necesario la linfadenectomia en adultos mayores de 40 años.

En cuanto al cáncer de colorrectal es el cáncer digestivo más común en Europa y el tercero del mundo. Constituye el 13% de todos los cancers diagnosticado en Europa. Los tumores colónicos son más frecuentes que los rectales.Es más frecuente en hombre que en mujeres. La mayoría de los cancers de colon debutan con más de 60 años, siendo muy raro en menores de 40 años. La mayoría de los casos son esporádicos y tan solo un 20% de los casos es de tipo familiar.

La alimentación es el factor de riesgo medioambiental más importante en el cáncer colorrectal, por lo que tú como médico de familia, debes hacer recomendaciones dietéticas para prevenirlo. Es fundamental hacer una dieta mediterránea, rica en fruta, verduras, hortalizas, aguacate, nueces, arándanos, frambuesas, pescado azul (sardinas, caballa, salmon, atún, pez espada), que son ricos en ácidos grasos ricos en omega 3.

Hay que recomendar reducir la ingesta de carnes rojas como el cordero, carnero o cerdo), así como la carne procesada o fast-food (perritos calientes, pizza, carne procesada, hamburgesas), que son ricas en grasas y contienen poca fibra.

Hay que batallar con aquellos pacientes que tiene sobrepeso u obesidad, ya que aumenta el riesgo de cáncer colorrectal. Evitar el sedentarismo, hacienda ejercicio físico diario durante al menos 30 minutos (andar, correr, natación), así como prevenir la diabetes mellitus tipo II y dejar de fumar.

Los síntomas y signos que tienen un elevado valor predictivo positivo de que el paciente pueda tener un cáncer de colorrectal son:

- Rectorragia con cambio del ritmo de las deposiciones (frecuencia aumentada o menor consistencia).
- Rectorragia sin síntomas anales (picor, escozor, dolor anal).
- Masa abdominal o rectal palpable.
- Oclusión intestinal.

Por el contrario, es improbable que el paciente tenga un CCR si tiene alguno/s de estos síntomas o signos:

- Rectorragia con síntomas anales (frecuencia aumentada o menor consistencia) (picor, escozor, dolor anal).
- Cambio del ritmo de las deposiciones (menor frecuencia o mayor consistencia).
- Dolor abdominal sin signos de obstrucción intestinal.

Los pacientes que tenga antecedente familiares de 1º grado (padres, hermanos o hijos) o de 2º grado (tio, primo, abuelo) de pólipos adenomatosos en colon o cáncer colorrectal (CCR), deberían someterse a una colonoscopia a partir de los 40 años o 10 años antes del debut del familiar más joven, siempre que no se trate de un síndrome de poliposis colónica o síndrome de Lynch.

En estos pacientes, dependiendo del debut del familiar, se deberán revisar cada 10 años si el debut del cáncer o pólipo de su familiar fue con más de 60 años, mientras que la periodicidad de las colonoscopia serán con una frecuencia de 5 años, si el debut del familiar fue con menos de 60 años.

En la población de riesgo medio, que son aquellos que ya alcanzan los 50 años y que no tienen ningún antecedente familiar de adenomas colónicos o CCR, podrías ofertarle 3 determinaciones de sangre oculta en heces en días distintos, que se hará anual o bianualmente. Si el paciente prefiriera mejor someterse a colonoscopia, también podría ser remitido a Digestivo cada 5 años para una sigmoidoscopia o bien cada 10 años para someterse a una colonoscopia.

Recuerda que son pacientes que no tienen antecedentes familiares ni de adenomas colónicos ni CCR y ha cumplido ya los 50 años. Puede solicitarte que desea someterse a una colonoscopia, y deberás accede a remitirlo a Digestivo, pues estaría avalado por las guías nacionales de la AEG (Asociación Española de Gastroenterología).

Es fundamental interrogar al paciente que debuta con cáncer de endometrio o testicular, de si ha tenido también otros familiares afecto con CCR, especialmente si el debut fue con menos de 50 años, ya que podría estar en el contexto de una familia con síndrome de Lynch.

Otro colectivo de pacientes con mayor riesgo de CCR son aquellos que han sido diagnósticados de enfermedad de Crohn colónico o coli- tis ulcerosa, diagnosticado hace más de 10 años. En ellos, hay que someterlos a colonoscopia periódicas para descartar la presencia de displasia colónica.

Entre los síndromes hereditarios con mayor riesgo de CCR destacamos:

- La poliposis adenomatosa familiar (PAF): los pacientes pertenecientes a familias con PAF que son portadores de la mutación en el gen APC debutan con cientos o miles de adenomas colónicos síncrónicos con un debut de una o varios CCR antes de los 40 años, a veces, con solo 20 años. En ese caso, tienen que ser sometidos a una colectomia total o subto- tal, con anastomosis ileoanal o ileorrectal, respectivamente.

En los individuos con riesgo de PAF clásica (los portadores de mutaciones en el gen APC y los pertenecientes a familias que cumplen los criterios clínicos en las que no se ha identificado la mutación causal) se debe de realizar una sigmoidoscopia cada 1-2 años a partir de los 13-15 años y has- ta los 40 años de edad, y cada 5 años hasta los 50- 60 años de edad.

En los individuos con riesgo de PAF atenuada debe realizarse una colonoscopia cada 1-2 años a partir de los 15-25 años, en función de la edad de presentación de la enfermedad en los familiares afectos.

Una vez detectada la presencia de adenomas, debe realizarse una colonoscopia anual hasta la realización del tratamiento definitivo.

En los pacientes con PAF se debería realizar una endoscopia gastroduodenal con un aparato de visión lateral cada 4-5 años a partir de los 25-30 años de edad. Si se detectan adenomas duodenales estadio I-II de Spigelman, la vigilancia endoscó- pica debería realizarse cada 2-3 años, mientras que en los estadios III-IV este intervalo debería ser menor (6-12 meses).

La administración de AINE (sulindaco, celecoxib y probablemente otros) en la PAF sólo se podría considerar como tratamiento adyuvante de la cirugía en pacientes con pólipos residuales, y nunca como alternativa a ésta, y que no presenten factores de riesgo cardiovasculares.

Existe otra variedad menos severa que la PAF clásica, que es la denominada PAF atenuada, caracterizada por menos pólipos (generalmente menos de 50 adenomas) y con debut más tardio del CCR. Es conveniente detectar en el caso índice (familiar afecto con CCR) qué exon/es del gen APC está localizada la mutación, con objeto de detectar a los familiares de primer grado, que pudieran ser portadores de la mutación, para que se continue en ellos con los cribados correspondientes, mientras que aquellos familiares en los que no se detecte, puedan ser dados de alta.

Un 40% de los pacientes con PAF presenta manifestaciones extracoló- nicas asociadas. Entre las más frecuentes destacan las lesiones gastroduodenales (hipertrofia glandular fúndica, adenomas o pólipos hiperplásicos, adenocarcinoma), hipertrofia congénita del epitelio pigmentario de la retina, tumores de partes blandas (desmoides, fibromas), osteomas (en maxilares, cráneo y huesos largos), quistes epidermoides y neoplasias extraintestinales (carcinoma papilar de tiroides, adenocarcinoma de páncreas, tumores cerebrales o hepatoblastoma).

Los tumores desmoides son lesiones de crecimiento lento, localmente agresivos pero que no metastatizan. Se originan en general en la pared abdominal y el mesenterio, y, más raramente, en las extremidades y el tronco.

- El síndrome de Lynch o CCR hereditario no polipósico. Los pacientes pertenecientes a estas familias presenta mutaciones de los genes reparadores del ADN y presentan adenomas que evolucionan más rápidamente a CCR (en solo 2-3 años), en lugar de 8-10 años como suele ser habitual en la población general, que es la de riesgo medio. La edad de debut de CCR es aproximadamente los 45 años. En ellos, es necesario someter a los pacientes a una colonoscopia anual o biannual, además de una endoscopia oral cada 5 años (mayor riesgo de cáncer gástrico), ecografia abdomen con citologia urinario (para descartar carcinoma de vías urinarias y vejiga), así como revision ginecológica con ecografia endovaginal (mayor riesgo de cáncer de endometrio o de ovario).

Como médico de familia, si te llega un paciente que te cuente que tiene antecedentes familiares de primer grado con cáncer gastric, endometrial o de colon, sobre todo con menos de 50 años o adenomas colónicos con menos de 40 años es conveniente que hagas un estudio exhaustivo de los antecedentes familiares, con objeto de que sea remitido al Digestivo con objeto de someterlo a colonoscopia, sobre todo si ya tiene una edad de 25 años.

Para detectarlo deberás usar los criterios de Bethesda revisados. Son los siguientes:

a) Paciente con CCR diagnosticado antes de los 50 años, o
b) Paciente con CCR sincrónico o metacrónico, o con otro tumor asociado al síndrome de Lynch (CCR, endometrio, estómago, ovario, páncreas, uréter y pelvis renal, tracto biliar, intestino delgado, cerebral, adenomas sebáceos y queratoacantomas), independientemente de la edad al diagnóstico, o
c) Paciente con CCR con histología característica del síndrome de Lynch (presencia de infiltrado linfocítico, reacción Crohn-like, diferenciación mucinosa/anillo de sello, o crecimiento medular) diagnosticado antes de los 60 años, o
d) Paciente con CCR y un familiar de primer grado con un tumor asociado al síndrome de Lynch, uno de los cánceres diagnosticados antes de los 50 años, o
e) Paciente con CCR y dos familiares de primer o segundo grado con un tumor asociado al síndrome de Lynch, independientemente de la edad al diagnóstico.

En los pacientes que cumplen algún criterio de Bethesda revisado se debería investigar la presencia de inestabilidad de microsatélites o pérdida de expresión de las proteínas reparadoras en el tumor.

En los casos en que se demuestre inestabilidad de microsatélites o pérdida de expresión proteica estaría indicado efectuar el análisis de mutaciones de los genes reparadores del ADN. El análisis genético es coste-efectivo, ya que favorece que el cribado endoscópico se realice únicamente en los miembros portadores de mutaciones.

En las mujeres a riesgo pertenecientes a familias con síndrome de Lynch se debería valorar el cribado del cáncer de endometrio mediante ultrasonografía transvaginal y/o aspirado/biopsia endometrial con periodicidad anual a partir de los 30-35 años de edad. En individuos a riesgo pertenecientes a familias con síndrome de Lynch y neoplasias urinarias asociadas debería valorarse la realización de una ultrasonografía y una citología urinaria cada 1-2 años a partir de los 30-35 años de edad.

En pacientes pertenecientes a familias con síndrome de Lynch que desarrollan un CCR debería valorarse la realización de una resección extensa (colectomía o proctocolectomía total) como prevención de neoplasias metacrónicas.

- Otros síndromes poliposicos son el síndrome de Turcot (asociado a tumores cerebrales), síndrome de Peutz-Jeghers (pólipos hamartomatosos con mayor riesgo de CCR, cáncer gastric), Poliposis juvenil y la poliposis asociada al gen MYH.
- Las medidas de cribado en el síndrome de Peutz-Jeghers deberían incluir la exploración de los testículos, el tracto gastrointestinal (mediante endoscopia gastroduodenal, colonoscopia, tránsito intestinal y/o cápsula endoscópica), la mamografía y la ultrasonografía endoscópica pancreática.
- La poliposis juvenil es una enfermedad genéticamente heterogénea, con diversos genes implicados, entre los que destacan SMAD4 y BMPR1A.
- Los individuos con poliposis juvenil tienen un riesgo incrementado de CCR, cáncer gástrico y de intestino delgado.

- Las medidas de cribado en la poliposis juvenil deberían incluir la realización de una colonoscopia cada 1-2 años a partir de los 15-18 años de edad, y una endoscopia gastroduodenal y un estudio de intestino delgado con tránsito baritado o cápsula endoscópica cada 1-2 años a partir de los 25 años de edad.

- Las medidas de cribado en la poliposis hiperplásico deberían incluir la realización de una colonoscopia cada 1-2 años a partir de los 40 años de edad, o 10 años antes de la edad de diagnóstico del familiar afecto más joven.

- Los pacientes que están diagnosticados de colangitis esclerosante primaria tienen mayor riesgo de CCR y deben someterse a colonoscopia annual.

En los pacientes diagnosticados de CCR que tenga anemia ferropénica se puede emplear la formula de Ganzoni para indicar tratamiento con hierro intravenoso:

Déficit de hierro (mg) = Peso (kg) x [(Hb deseada - Hb actual) x 2,4] + 500 mg.

El estadiaje del CCR se basa en la clasificación TNM (T invasion en profundidad; N invasion adenopática y M presencia de metasta- sis a distancia). Así tenemos:

- Tis Carcinoma in situ intraepitelial o invasión de la lámina propia.
- T1 Tumor que invade la submucosa.
- T2 Tumor que invade la capa muscular.
- T3 Tumor que invade, a través de la capa muscular, la subserosa o los tejidos no peritonealizados pericólicos o perirrectales.
- T4 Tumor que invade directamente otros órganos o estructuras o perfora el peritoneo visceral.

- No Sin metástasis ganglionares.
- N1 Metástasis en 1 o 3 ganglios linfáticos regionales.
- N2 Metástasis en 4 o más ganglios regionales.

El tratamiento del CCR es quirúrgico y dependiendo del estadio tumoral que tenga precisará tratamiento quimioterápico o no.

Así en el estadio 0: se trata de un carcinoma in situ limitado a la mucosa, sin invadir submucosa. El tratamiento es endoscópico (resección endoscópica mucosa) o quirúrgico en algunos casos. No precisa de quimioterapia.

En estadio I, el tumor invade la submucosa o la capa muscular propia. El tratamiento es quirúrgico y no precisa quimioterapia.

En estadio II el tumor invade la capa muscular propia pasando a la subserosa o a los tejidos vecinos en el espacio intraperitoneal (estdio IIA) o bien, puede penetrar el peritoneo visceral o invadir directamente órganos o estructuras en el espacio intraperitoneal (Estadio IIB).

Pueden ocurrir 2 situaciones distintas:
   a) Que no haya factores de riesgo de mal pronóstico: sin tratamiento quimioterápico.

b) Presencia de factores de mal pronóstico definido por alguna de las siguientes características:
- Grado de diferenciación G3 o G4.
- T4 - Invasión vascular/perineural.
- Oclusión intestinal o perforación en la presentación.
- N° de ganglios analizados insuficiente.

El tratamiento se realizaría con fluoropirimidinas, sin embargo, en casos de mayor riesgo (T4, G4) se podría plantear la combinación de fluoropirimidinas con oxaliplatino.

En el estadio III el tumor ha producido metastasis en ganglios linfáticos regionales. Así dentro del estadio III, tendremos 3 grados del estadio III:

a) Estadio IIIA: invasion de submucosa o muscular propia y existe de 1-3 adenopatias metastásicas.
b) Estadio IIIB: invasion de submucosa, peritoneo visceral u órganos vecinos y existe además, de 1-3 adenopatias metastásicas.
c) Estadio IIIC: el tumor, indpendientemente del grado de invasion local, se ha extendido a 4 o más ganglios linfáticos regionales.

El tratamiento consistiría, por tanto en:

1. Combinación de fluoropirimidinas con oxaliplatino
2. En caso de pacientes mayores de 70 años y/o comorbilidades se valorará fluoropirimidinas sólas.
3. En caso de contraindicación de oxaliplatino, se valorará una de las siguientes: 5-Fluoracilo + Leucovorin, o bien, Capecitabina.

En el cáncer de recto en estadio I no se precisará de la quimioterapia. Sin embargo, en estadio II-III tendremos las siguientes opciones:

1. Tramiento quimioterápico y radioterápico neoadyuvante con fluoropirimidinas.

2. Tratamiento quimioterápico y radioterápico adyuvante en pacientes intervenidos inicialmentecon fluoropirimidinas solas o asociadas con oxaliplatino en función de la respuesta obtenida al tratamiento inicial, estado general del paciente y estadificación inicial del tumor.

En pacientes con KRAS nativo, buen estado funcional (ECOG 0-1) y esperanza de vida > 3 meses:

- En pacientes sin comorbilidades o factores de riesgo que contraindiquen el uso de Oxaliplatino o Irinotecan, Cetuximab asociado a FOLFIRI y Panitumumab asociado a FOLFOX se consideran alternativas terapéuticas equivalentes, por lo que la elección del tratamiento a utilizar vendrá determinada por el Procedimiento Centralizado de Adquisición que se establezca.

- En pacientes con comorbilidades o factores de riesgo que contraindiquen el uso de Oxaliplatino, o con metástasis hepáticas, cuando se pretenda la resecabilidad de las mismas, el régimen de elección será Cetuximab asociado a FOLFIRI.

- En pacientes con comorbilidades o factores de riesgo que contraindiquen el uso de Irinotecan, el régimen de elección será Panitumumab asociado a FOLFOX. - En pacientes con intolerancia o contraindicación a los anticuerpos anti- EGFR, podrá utilizarse Bevacizumab asociado a XELOX-FOLFOX4.

En pacientes con KRAS mutado, buen estado funcional (ECOG 0-1) y esperanza de vida > 3 meses:

- Se considera una opción válida de tratamiento Bevacizumab asociado a XELOX-FOLFOX4.

- Dado el elevado ratio coste-eficacia de este régimen y la ausencia de evidencia de mejora de la supervivencia global, se recomienda el establecimiento de un acuerdo de Riesgo Compartido basado en la efectividad real del tratamiento.

En cuanto a la radioterapia en cáncer de colon destacamos que no hay indicación de uso, excepto en las siguientes situaciones:

- Indicaciones de radioterapia adyuvante o postquirúrgica:
  - T4 con penetración o fijación a estructuras adyacentes.
  - Recurrencias de enfermedad local.
- Técnicas:
  - Los campos de RT se definirán en función de los estudios radiológicos de imágenes previos para

localizar la zona de tratamiento y /o clips quirúrgicos.

- RIO (radioterapia intraoperatoria) Se recomendará en casos T4 y en casos de enfermedad recurrente.

La dosis de radiación:
- 45-50 Gy con fracciones de 1.8-2 Gy/día/ 5 días/semana.
- Se considerará boost en márgenes cercanos o afectados.

Quimioradioterapia preoperatoria puede incrementar la supervivencia comparado con quimioradioterapia postoperatoria en pacientes con cáncer de recto.

Los pólipos pueden tener diferente grado de invasion de las células displásicas, y ésto es expresado mediante la clasificación de Haggit. Así tendremos:

- Grado 0 Invasión mucosa por encima de la muscularis mucosae (carcinoma in situ).
- Grado 1 Invasión de la submucosa, pero limitado a la cabeza del pólipo.
- Grado 2 Invasión de la submucosa del cuello.

- Grado 3 Invasión de la submucosa de cualquier parte del tallo.
- Grado 4 Invasión de la submucosa por debajo del tallo sin alcanzar la muscular propia.

Existe la posibilidad de resección endoscópica de cáncer colorrectal temprano en los siguientes casos:

a) En caso de lesiones polipoideas pediculadas (0-Ip) de la clasificación de Paris si cumplen los siguientes criterios:
   - Haggit grado 1, 2 y 3.
   - Lesiones < 2 cm.
   - Tumores bien o moderadamente diferenciados.
   - Ausencia de afectación vascular o linfática.
   - Infiltración de la submucosa en profundidad < 1-2 micras desde la muscularis mucosae.
   - Anchura máxima de afectación en la submucosa < 4 micras.
   - Resección en bloque.

b) Lesiones polipoideas sesiles (0-Is) y no polipoideas elevadas (0-IIa), planas (0-IIb):
   - Lesiones < 2 cm.

- Tumores bien o moderadamente diferenciados.
- Ausencia de afectación vascular o linfática.
- Infiltración de la submucosa en profundidad < 1-2 micras desde la muscularis mucosae.
- Anchura máxima de afectación en la submucosa < 4 micras.
- Resección en bloque.

c) Lesiones no polipoideas deprimidas no ulceradas (0-IIc):

- Lesiones < 1 cm.
- Tumores bien o moderadamente diferenciados.
- Ausencia de afectación vascular o linfática.
- Infiltración de la submucosa en profundidad < 1 micra desde la muscularis mucosae.
- Anchura máxima de afectación en la submucosa < 4 micras.
- Resección en bloque.

Los pacientes que son diagnosticados de CCR con estadio 0, estadio I y estadio II con criterios favorable, normalmente va a ser remitido a la Unidad de Digestivo, al no requerir tratamiento oncológico. El protocolo de seguimiento que debe realizarse en estos pacientes y en la que puede colaborar su médico de cabecera es la realización de CEA trimestral durante los 3 primeros años tras la cirugia, CEA semestral durante el 4° y 5° año tras la cirugía. A partir de ahí, los controles de CEA serán anuales. Estos controles pueden ser realizados por su médico de cabecera. Deberá remitir al paciente, que generalmente se revisará por el Digestivo con controles anuales, de forma más precoz en caso de elevación del CEA, o la presencia de cambios clínicos o analíticos de otra índole en el paciente como cambio del hábito intestinal reciente, anemización en el hemograma o elevación del CEA en paciente no fumador.

En cuanto a la periodicidad de las colonoscopia en un paciente con CCR en estadio I o II con criterios favorable, sera la primera a los 6-12 meses tras la cirugía, seguida de otra a los 3 años de la intervención y la última dentro de los primeros 5 años de seguimiento post-operatorio es una colonoscopia a los 5 años de la intervención. Pasados esos 5 años, se realizará una colonoscopia cada 5 años, salvo incidentes clínicos o elevación del CEA.

Si el paciente tiene que ser remitido por tí, médico de cabecera, normalmente por elevación del CEA asociado o no a síntomas nuevos, el digestivo normalmente solicitará una colonoscopia precoz y un TAC toraco-abdominal con contraste intravenoso preferente para descartar recidiva neoplásica. En caso de mantener elevación del CEA en paciente que no fume, se remitiría a Oncología para que procedan a valorar la indicación de un PET, que es una prueba que no suele cursar los Digestivos.

En los pacientes que tengan enfermedad metastásica irresecable, normalmente el paciente va a recibir como quimioterapia de 1º línea monoterapia con 5-fluoracilo o leucovorin intravenoso o monoterapia con capecitabina o tegafur-uracilo oral. También como 1º linea terapeútica, podrían utilizar los oncólogos, politerapia con 5-fluoracilo/leucovorin + oxaliplatino (FOLFOX) o bien 5-Fluoracilo/leucovorin + Irinotecán (FOLFIRI) por vía intravenosa, que suele ser el tratamiento de elección. Se administra como tratamiento de 48 horas cada 2 semanas. Se podría emplear también como terapia de 1º línea la combinación de capecitabina + oxaliplatino (CAPOX), que se administraría cada 3 semanas.

Como terapia quimioterápicas de 2º línea tenemos FOLFOX O FOLFIRI.

Como tratamiento biologico tenemos las siguientes opciones:

- Bevacizumab asociado a FOLFOX o FOLFIRI, hasta que genere toxicidad o que haga las metastasis operable.
- Cetuximab asociado a FOLFIRI o FOLVOX (5-fluoracilo + oxaliplatino).
- Panitumumab asociado a FOLFIRI O FOLVOX.

El 40% de los CCR presentan la mutación del KRAS y entre 5-10% presentan la mutación BRAF. Estos fármacos biológicos únicamente deben usarse para los tumores que no presentan las mutaciones KRAS. La combinación de Cetuximab y FOLFIRI es el tratamiento recomendado en pacientes que no presenten la mutación KRAS. Cetuximab y panitumumab no son actives contra los CCR con la mutación KRAS.

Si fracasan los tratamientos de 1º y 2º línea, el tratamiento de elección es el Cetuximab con irinotecan, aunque también podrían emplearse el Cetuximab o Panitumumab en monoterapia.

En cuanto a los efectos secundarios que pueden tener estos fármacos, es bueno que los conozcas por encima. Por ejemplo, el tratamiento con 5-fluoracilo debe evitar el contacto con el sol, así como el síndrome palmo-plantar. En cuanto a la capecitabina, también se puede presentar el síndrome palmoplantar (eritema palmoplantar): piel roja, irritada, generalmente leve. El irinotecán puede producir sudoración, lagrimeo, hipersalivación, dolor abdominal, diarrea y alopecia. El oxaliplatino puede producir entumecimiento de labios, manos o pies, parestesias en manos o pies, hipersensibilidad al frio.

Los tratamiento biológicos como Cetuximab o Panitumumab puede asociarse con exantema acneiforme, hipomagnesemia. Con Bevacizumab es frecuente la hipertensión arterial, proteinuria, trombosis arterial, hemorragia mucosa a nivel de boca, nariz, vagina o recto. Puede en casos raros producir una peforación gastrointestinal o problemas de cicatrización de heridas.

En cuanto al cáncer de la vía biliar, hay que decir que afortunadamente es infrecuente, pero con alta agresividad y muy mal pronóstico para el paciente. Destacamos 3 tipos de canceres de la vía biliar:

- Colangiocarcinoma: afecta a los conductos biliares pequeños (intrahepáticos) o grandes proximales a la bifurcación de las ramas derecha o izquierda (perihiliar) o bien distal (colédoco).

- Cáncer de vesicular biliar. Normalmente asociado a colelitiasis.
- Tumor de la ampolla de Vater o ampuloma. Es típico de las PAF o síndrome de Lynch.

El colangicarcinoma suele debutar entre los 50 y los 70 años y afecta más al sexo masculino. Suelen debutar con prurito, ictericia, coluria, dolor abdominal, acolia, síndrome constitucional (pérdida de peso), fiebre en forma de colangitis aguda, nauseas o sudores nocturnes. Puede ser hallazgo casual al hacerse una ecografia ab- domen. El colangiocarcinoma perihiliar se puede asociar a síndromes paraneoplásicos como el síndrome de Sweet, porfiria cutánea tarda, acantosis nigricans y eritema multiforme.

Los pacientes con cáncer de vesicular pueden debutar como cólico biliar o colecistitis aguda y es típico que desarrollen ictericia, al igual que ampuloma que debuta como una ictericia obstructiva, esteatorrea, pérdida de peso y fatiga y pueden presentar en un 33% necrosis del tumor, que puede generar anemia ferropénica, sangre oculta en heces positivas, obstrucción duodenal infiltrativa o dyspepsia.

Tienen más riesgo de desarrollar un colangiocarcinoma aquellos pacientes con enfermedad inflamatoria intestinal con colangitis esclerosante primaria, enfermedades congénitas del árbol biliar (enfermedad de Caroli, fibrosis quística, quiste de colédoco), parasitosis (Opisthorchis y Clonorchis), infección crónica por virus hepatitis B y C, síndrome de Lynch, VIH, Helicobacter Pylori.

Tendrán más riesgo de cáncer vesicular aquellos pacientes que tengan una vesicular en porcelana, infección Helicobacter Pylori o Salmenolla, quistes biliares congénitos, union anómala de los conductos biliares y pancréatico (presencia mutación KRAS y p53), fármacos (alfa-metildopa, anticonceptivos orales o isoniacida), consumo de tabaco, trabajador en fábricas de celulosa, textiles y zapatos, así como enfermedades metabolócias como diabetes mellitus y la obesidad.

Suele diagnosticarse como primera prueba con una ecografia abdomen. El CA-19.9 se sintetiza en pancreas, vía biliar, estómago, colon, hígado, tumores ováricos, pulmonar y urotelial. En colangitis esclerosante primaria, un colangiocarcinoma con un CA-19.9 mayor de 1000 UI/ml se asocia a enfermedad avanzada con posible carcinomatosis peritoneal. Tras la ecografia abdomen, generalmente el paciente es sometido a un TAC abdomen con contraste iv y/o colangio-RMN.

En el caso de que el paciente no sea resecable quirúrgicamente, podemos someter al paciente a una colangiografía retrograda endoscópica (CPRE) en la que se podrá realizar biopsias y/o citologia de los tumores ampulares y de colédoco distal y colocar una prótesis metálica autoexpandible en caso de que el paciente haya debutado con ictericia obstructive.

Si no fuese posible canalizar la vía biliar mediante CPRE, se podría optar, siempre que el paciente tenga vía biliar intrahepática dilatada, que suele ser habitual, someter al paciente a una colangiografia transparietohepática percutánea (CTH), que va a permitir tratar las estenosis biliares neoplásicas intrahepáticas colocándo prótesis biliares por parte de radiología intervencionista, además de tomar biopsia o punción con aguja fina (PAAF) de la masa tumoral.

La ecoendoscopia oral es útil para filiar los colangicarcinomas distales o de la ampolla de Vater. La PET también puede ser útil para descartar lesiones metastásicas ocultas.

El tratamiento del colangiocarcinoma intrahepático es la resección tumoral, así como de las adenopatías patológicas. En los tumores localmente avanzados es habitual que se utilice quimioterapia basada en 5-fluoracilo y radioterapia. También se puede emplear la combinación Cisplatino + Gemcitabina con supervivencia generalmente menor al año.

El tratamiento del tumor perihiliar generalmente además de resección tumoral y adenopáticas, se tienen que hacer reconstrucciones vasculares hiliares. Requieren un drenaje biliar y en lesiones localmente avanzadas se combina el 5-fluoracilo o capecitabina con gemcitabina.

Los tumores de la vesicular biliar si se cogen en estadio precoz (T1), la resección puede ser curativa.

En cuanto al cáncer de pancreas el más frecuente es el adenocarcinoma ductal de pancreas, el cual tiene muy mal pronóstica, ya que más del 80% de estos tumores cuando se diagnostican ya son irresecables o tienen metastasis a distancia. Además la supervivencia global es de solo un 5% a los 5 años, siendo de tan solo 8-12 meses si son irresecables (aproximadamente un 40% de los localmente avanzados) y de tan solo 3-6 meses en aquellos que debutan ya con metastasis (el 40% restante). Tan solo entre un 10-20% de estos tumores tiene criterios de resecabilidad.

Entre los factores etiológicos tenemos al tabaco, por lo que como médico de familia, debes recomendar sin parar que tus pacientes no fumen (tabaquismo con un riesgo aumentado entre 1,5-5 veces más), deben evitar el sobrepeso con ejercicio físico, especialmente con un índice de masa corporal mayor de 30, que se ha asociado a mayor riesgo de cáncer de pancreas. Tienen mayor riesgo los pacientes que trabajan en empresar que manejan hidrocarburos clorados. Los pacientes con pancreatitis crónica también tienen un riesgo incrementado para el desarrollo de este tipo de cáncer (riesgo 7 veces mayor que la población normal).

La diabetes mellitus es otra de las enfermedades, que si empiezan con dolor abdominal, sobre todo si se asocial a depression, deberías remitir al Digestivo lo antes posible para descartar un cáncer de pancreas, pues esta combinación es típico. Los pacientes diabéticos tienen casi 2 veces más de riesgo de dearrollar un cáncer de pancreas que la población normal. Las neoplasias quísticas mucinosas también tienen una predisposición para degenerar.

También se ha asociado una mayor incidencia de cáncer de pancreas en pacientes con síndromes hereditarios como el Síndrome de Peutz-Jegher, síndrome de Lynch tipo II, las pancreatitis hereditaria con mutaciones de los genes SPINK-1 y/o PRSS1, además de aquellos que son portadores de mutaciones en los genes BRCA 1 y 2 (cáncer de mama-ovario hereditario).

Aquellos pacientes que tienen antecedentes familiares de 1°, 2° y 3° grado con cáncer de pancreas. Más raro, son los pacientes pertenecientes a familias con PAF y el síndrome ataxia- telangiectasia. También es mñas frecuente el cáncer de pancreas en familias con el síndrome de melanoma familiar atípico con mola multiple con mutación p16.

Los cánceres de pancreas suele debutar con un dolor sordo, no intenso localizado en hemiabdomen superior, que empeora en decúbito y se puede irradiar a espalda y cinturón. Puede asociarse a pérdida de peso (síndrome constitucional), anorexia (pérdida del apetito), y saciedad precoz (refieren llenarse muy pronto con sensación de fatiga o nausea, que les hace dejar de comer), lo que a su vez genera que vayan a perder peso y desnutrirse, comenzando con un deterioro general. Es habitual que estos pacientes le quede la ropa más ancha o " se le caigan los pantalones".

El tumor, generalmente suele asentar en cabeza pancreática, por lo que este paciente puede debutar por colostasis disociada, ictericia, pérdida de peso, coluria y acolia, sin además presentar nada de dolor abdominal. Recuérdalo ictericia indolora¡¡¡.Por efecto masa comprime la vía biliar (colédoco distal o intrapancreático). Un paciente que debuta con diabetes, siendo de una edad mayor de 60 años puede ser una manifestación inicial de un cáncer de pancreas. También se puede asociar a un síndrome de Cushing, trombosis venosas recurrentes (síndrome de Trousseau), síndrome de paniculitis-artritis-eosinofilia o dermatomiositis.

Hay otros pacientes con cáncer de pancreas y que debuta con nauseas y sobre todo síndrome emetico recidivante, que es la forma de debutar de los cánceres de páncreas de cuerpo pancreático, que produce obstrucción duodenal progresiva estenosante. De forma, que si un paciente comienza con vómitos post-pandriales y no se autolimita en 1-2 semanas, deberíamos remitirlo al tratarse un síntoma de alarma (estenosis pilórica o duodenal).

Estos pacientes pueden tener una elevación del marcador tumoral CA-19.9, por lo que podrías solicitarla desde primaria. Generalmente el diagnostico inicial se realiza con una ecografia abdomen, que tiene una sensibilidad y especificidad para detectar lesiones ocupantes de espacio pancreáticas (LOE) en aproximadamente un 75%. En el TAC con contraste intravenoso se evidenciará una LOE hipovascular en el 90% de los casos.

Para el estadiaje empleamos la clasificación TNM. Así tenemos:

Tis: cáncer in situ.

T1: tumor limitado a pancreas con un diámetro igual o menor de 2 centímetros.

T2: tumor limitado a pancreas con un diámetro mayor de 2 centímetros.

T3: extensión del tumor a órganos vecinos, respetando al tronco celiaco y a la arteria mesentérica superior.

T4: infiltración tumoral del tronco celiac o de la arteria mesentérica superior.

N0 (ausencia de adenopatias metastasicas) y N1 con presencia de ellas.

Se consideran resecables aquellos tumores que respetan la arteria mesentérica superior, el tronco celiaco y la arteria hepática. Se consideran resecables en border-line si existe contacto del tumor con la arteria gastroduodenal a nivel de arteria hepática, afectando un segmento corto, siempre que no se afecte el tronco celiaco.

La compresión del tumor sobre la arteria mesentérica superior no debe exceder más de 180° de la circunferencia del vaso. La vena mesentérica superior o vena porta pueden ser reconstruidas quirúrgicamente.

No se consideran resecables aquellos cánceres de pancreas que tienen invasion aortica. Tampoco serán resecables aquellos cánceres de cabeza de páncreas con invasion de más de 180° de la circunferencia de la arteria mesentérica superior, así como cualquier grado de invasion del tronco celiaco o vena cava inferior.

En los cánceres de cuerpo y cola pancreática, no serán resecables aquellos con invasion o contacto de la arteria mesentérica superior o tronco celiaco mayor de 180° de la circunfencia de estos vasos.

En cuanto al tratamiento del cáncer de páncreas, si el paciente tiene la suerte de que tiene un tumor resecable, tendremos diferentes opciones, dependiendo de la localización del tumor. Así podrá realizarse una duodenopancreatectomia cefálica (Whipple) en caso de cáncer de cabeza pancreática. Si afecta al cuerpo o cola, al paciente se le realizará una duodenopancreatectomia corpora-caudal, y en algunos casos sera total (duodenopancreatectomia radical, a la que se podría añadir en algunos casos tratamiento quimioterápico con gemcitabina.

Si el paciente tiene la mala suerte de ser diagnósticado en una fase localmente avanzada, podríamos usar monoterapia con Gemcitabina o bien la combinación 5-fluoracilo + radioterapia, seguido de cirugia en casos seleccionados.

Si el paciente tiene una enfermedad metastásica se podría emplear la gemcitabina o erlotinib. En algunos casos, se puede emplear la combinación folfirinox (5-fluoracilo + irinotecán + oxaliplatino).

Si el paciente debuta con una obstrucción biliar (típico del cáncer de cabeza pancreático), si el tumor es resecable se sometería a la técnica de Whipple. Si el tumor es irresecable, tenemos varias opciones para drenar la vía biliar:

- Prótesis biliar metálica autoexpandible Wallstent, colocada mediante CPRE.
- Drenaje biliar por CTH (Radiologia intervencionista).
- Cirugía derivativa biliodigestiva (gastroyeyunostomía), la cual mejora la calidad de vida, aunque tiene una mayor morbimortalidad que la colocación de una endoprotesis.

Si el paciente debuta con obstrucción duodenal (típico del cáncer de cuerpo pancreático), si el tumor es resecable se realizará una técnica de Whipple, mientras que si no lo fuese, emplearíamos una prótesis metálica enteral colocada bien endoscópicamente o bien por parte de radiologia intervencionista.

Es típico que los pacientes con enfermedad irresecable o terminal van a presentar síntomas muy invalidantes como la anorexia y la caquexia, que va acentuar el síndrome constitucional y lo va a llevar a la desnutrición. Por ello, en estos paciente se van a emplear tratamiento con enzimas pancreáticas (Pancreatina o Kreon 50000 U durante las comidas importantes, y debemos suministrale suplementos dietéticos hiperproteicos y ricos en ácidos grasos omega-3 (Resosource protein y si es diabetico, Glucerna o Resosource Diabet).

El dolor abdominal severo e incapacitante es otro síntoma que va a reducir la calidad de vida de estos pacientes en su fase terminal. Por ello, deberemos emplear tratamiento con mórficos (Durogesic parche 25-50 microgramos subcutáneo cada 72 horas, Oxicodona, Palexia), asociado con laxantes dado que genera estreñimiento y primperam en solución si genera nauseas.

Podemos asociarlo con AINES, pero no debemos abusar de ellos si hubiera obstrucción intestinal por infiltración duodenal tumoral, ya que podría precipitar una hemorragia digestiva alta, por lo que deberemos emplear en ese caso tratamiento con inhibidores de la bomba de protones a dosis altas. En algunos casos podemos recurrir al neurolisis de plexo celiaco por via ecoendoscópica o quirúrgica (esplanicectomia transtorácica).

Tenemos que ser conscientes como médico de familia que existen estrategias de cribado del cáncer de páncreas, especialmente en:

- Síndrome de Peutz-Jeghers.
- Pancreatitis hereditaria (mutación SPINKI y PRSS1).
- Tres o más familiares de 1°,2° o 3° grado con cáncer de páncreas, siempre que al menos uno sea de 1° grado.
- Dos familiares de 1° grado afectos.
- Pacientes portadores con la mutación BRCA 1 o 2 con un familiar de 1° o 2° grado afecto con cáncer de páncreas.
- Síndrome de melanoma familiar atípico con mola multiple (mutación p16).

Habitualmente se pueden emplear para cribado la ecoendoscopia digestive o la resonancia magnetica abdominal. En ellos, el cribado debería iniciarse con 45 años o 10 años antes que el fa- miliar más joven afecto, salvo en el síndrome de Peutz-Jeghers que debería iniciarse con 25 años con una periodicidad entre pruebas anual o trianual.

Por ultimo, y entendiendo que este tema es muy extensor, simplemente recomendarte que es fundamental que nunca dejes de lado como médico de cabecera este síndrome, caracterizado por pérdida de peso que no puede justificar el paciente por cambios en su dieta, especialmente si además ha perdido el apetito o no puede comer como siempre.

Si un dolor abdominal crónico asociado a síndrome constitucional lo demoras demasiado tiempo en primaria, empleando tratamiento sintomáticos empíricos, como analgésicos, IBP o antiemético o procinéticos, podrías estar demorando el diagnostico de un tumor digestivo, con las consiguientes consecuencias negativas pronósticas que tendría para tu paciente, que podría llevarle a un diagnostico en fases localmente avanzadas, irresecable o fase ter minal metastásicas, sin olvidar las potenciales demandas legales que podrían ejercer éste o sus familiares por no haberlo remitido al especialista en el momento idóneo. Son simplemente consejos para que hagas un praxis equilibrada, basada en la costo- eficiencia, pero intentando que ésto ultimo sea el centro de tus de- cisions, con el consiguiente deterioro de tu calidad asistencial.

Capítulo 10: Ictericia

La ictericia es la coloración amarillenta de piel y mucosas y analítica- mente se caracteriza por elevación de la bilirrubina total con/sin elevación de enzimas de colostasis. Si se produce elevación de las en- zimas de colostasis (gammaglutamil transferasa o GGT y fosfatasa alcalina o FA) sin elevación de la bilirrubina total se dirá que el pacien- te tiene una colostasis disociada. La ictericia aparece con conjuntiva y piel cuando la bilirrubina total alcanza los 2,5 miligramos por decílitros y se asocia a coluria, acolia y prurito.

La colostasis puede ser de 2 tipos:

- Colostasis intrahepática (alteración de la síntesis de la bilirrubina). No hay evidencia en la ecografía abdomen de dilatación de conductos biliares.

- Colostasis extrahepática: obstrucción al flujo biliar. Se suele evi- denciar dilatación de la vía biliar intrahepática y/o extrahepática.

La ictericia se puede producir por 4 causas:
1. Alteración del metabolismo de la bilirrubina.

2. Hepatitis aguda o crónica (predominio de la citolisis).
3. Obstrucción de la vía biliar
4. Hepatitis aguda o crónica (predominio de la colostasis).

En el caso de que exista una alteración del metabolismo de la bilirrubina, lo normal que exista una elevación de este parámetro a base de la indirecta en casos de anemia hemolítica autoinmune o tóxica, eritropoyesis ineficaz, hematomas, casos en los que hay un aumento de la producción. Fármacos como la rifampicina puede alterar la captación hepática de la bilirrubina.

En otros casos, existe una disminución de la conjugación, como ocurre en la hiperbilirrubinemia del recién nacido por inmadurez del sistema enzimático, así como otros defectos congénitos hereditarios del metabolismo de la bilirrubina con predominio de la bilirrubina indirecta, de los que destaca el síndrome de Gilbert, que es el más frecuente que puedes ver en primaria (3-7% de la población puede padecer) que es un trastorno autosómico dominante, producido por una disminución de la actividad enzimática glucuronil transferasa, con histología hepática que es normal y buen pronóstico. La bilirrubina raramente asciende por encima de los 3 miligramos por decílitro.

Más raros como el síndrome de Gliger-Najjar, en el que existe una elevación de la bilirrubina indirecta, y que se produce una nula o muy reducida actividad de la enzima glucuronil transferasa (tipo 1 o 2, respectivamente), de forma que en la tipo 1, que es autosómica recesiva puede llegar a tener una bilirrubina superior a 20 miligramos por decílitro (kernicterus).

Existen otros trastornos hereditarios autosómico recesivos como el síndrome de Rotor o Dubin-Johnson, lo que se eleva es la bilirrubina directa (hiperbilirrubinemia conjugadas o mixtas), debido a una alteración del depósito y/o secreción de la bilirrubina. Raramente asciendo por encima de los 7 miligramos por decílitros, por lo que el pronóstico suele ser bueno. La diferencia entre uno y otro radica que el síndrome de Dubin-Johnson se caracteriza por una hiperpigmentación hepatocitaria, mientras que en el Rotor carece de ella.

La segunda causa que puede generar en primaria la presencia de icteria es el padecimiento del paciente de una hepatitis aguda o crónica con predominio de la citolisis (elevación predominante de transaminasas, de las aminotransferasas (GOT o AST y/o GPT o ALT), asociadas a elevación de la bilirrubina con pre- dominio de la directa. La ictericia se produce por una lesión hepatocelular aguda o crónica, entre las que destaca la hepatitis virales y por hepatotoxicidad.

Las hepatitis virales A y E, que se transmiten por vía fecal-oral, generalmente se autolimitan, aunque se han descrito casos de hepatitis aguda fulminante y no cronifican. Son más frecuentes en el tercer mundo.

La hepatitis aguda tóxica con ictericia se puede producir por un mecanismo idiosincrásico como consecuencia del consumo de fármacos como la isoniacida, metildopa, fenitoína y halotano. Una hepatitis aguda tóxica por Acetaminofen (paracetamol) se produce por un daño hepático agudo, que es dosis-dependiente, pudiendo llegar a producir una necrosis hepática masiva y fallo hepático fulminante, que puede llegar a precisar de la necesidad de un trasplante hepático urgente.

Los pacientes que tiene una hepatitis aguda alcohólica, puede caracterizarse típicamente por fiebre, leucocitosis, hepatomegalia dolorosa e ictericia. La aparición brusca en paciente sin antecedentes conocidos de consumo de tóxicos de ictericia con ascitis, especialmente en mujeres que toma anticonceptivos orales, obliga a descartar la trombosis de venas suprahepáticas (Síndrome de

Budd-Chiari), por lo que deberíamos someter a esta paciente una ecografía-doppler de abdomen.

Hay que tener precaución de no dar aspirina en cuadros febriles, dado que en algunos casos, pueden debutar con un síndrome de Reye, que consiste en una infiltración masiva de grasa hepática, que debuta con ictericia de rápida evolución asociado a encefalo- patía hepática, situación que puede llevar al paciente a un insuficiencia hepática aguda, con la consiguiente necesidad, en al- gunos casos, de un trasplante hepático urgente.

La infección crónica por el virus de la hepatitis B, C o delta puede asociarse a ictericia en algunos momentos de su historia natural, sobre todo cuando se descompensa su función hepática, con el consiguiente incremento del estadio de Child-Pugh, que es un score que nos informa sobre el estado de la función hepática, de forma que si sube la bilirrubina total, el paciente irá teniendo un score mayor con peor pronóstico. Otros virus que pueden genera una hepatitis aguda es el citomegalovirus o virus de Ebstein-Barr. Se caracterizan generalmente por la presencia de fiebre, cuado pseudogrial, adenopatías, y el último es característico la presencia de amigdalitis aguda, que lo limita para comer y puede tener es plenomegalia dolorosa con astenia que puede durar varias semanas.

La consumo crónico de alcohol puede ser responsable de una hepatopatía crónica alcohólica que puede terminar en una cirrosis hepática alcohólica.

Existen otras enfermedades por depósito hepático de cobre (enfermedad de Wilson) o de hierro (hemocromatosis), que pueden debutar con ictericia. La primera se caracteriza por unos niveles plasmáticos de ceruloplasmina y cupremia baja, excrección de cobre elevado, presencia de anillo de Kayser-Fletcher y clínicamente se asocia a anemia hemolítica test de Coombs negativo, enfermedades psiquiátricas y trastornos neurológicos como temblor, neuropatía, etc.

La hemocromatosis es una enfermedad genética en la que puede existir mutación a nivel de C282Y, H63D y fenotípicamente se caracteriza por elevación de la ferritina y del índice de saturación de transferrina. Puede asociarse a artralgias, afectación cardiaca, diabetes mellitus. En ambas es útil y necesaria la realización de una biopsia hepática para la cuantificación del cobre y hierro hepático.

El déficit se alfa-1-antitripsina se puede asociar a una hepatopatía crónica que puede debutar con ictericia y es típica su asociación patología pulmonar tipo EPOC.

Otra causa para el desarrollo de ictericia de forma aguda es el debut de una hepatitis crónica de origen autoinmune, que se asocía generalmente a importante elevación de transaminasas, sobre todo y elevación más moderada de las enzimas de colostasis, que suele producirse en mujeres jóvenes, generalmente con antecedentes de otras enfermedades autoinmunes (tiroiditis autoinmune, enfermedad inflamatoria intestinal, enfermedades reumatológicas, etc), asociadas a artralgias y fiebre.

Analíticamente es habitual la positividad de los títulos de anticuerpos anti-nucleares o antimusculo liso, elevación de la inmunoglobulina G y está claramente indicada la realización de una biopsia hepática, dado que su tratamiento con esteroides o inmunosupresores tiene efectos secundarios como la hipertensión arterial, diabetes, ostepenia y hay que confirmarla histológicamente.

Los pacientes con cirrosis hepática ya conocida que debutan con ictericia, podría ser un indicador del desarrollo de un hepatocarcinoma o de trombosis portal tumoral, que generalmense te asocían en el pri mer caso a síndrome constitucional (pérdida de peso inexplicada, anorexia, astenia) y descompensación ictero-hidrópica con o sin hemorragia digestiva variceal en el segundo, por aparición o progresión de la hipertensión portal.

Podría solicitarse la alfafetoproteína, que puede superar en algunos casos el valor de 100, y en caso de ictericia de un paciente cirrótico, es fundamental la anamnesis, con objeto de descartar el consumo reciente de alcohol, la presencia de un síndrome constitucional o el consumo reciente de un fármaco potencialmente hepatotóxico como antibióticos como el amoxi-clavulánico o tratamiento hipertensión con IECA (Enalapril o captopril).

La tercera causa para el desarrollo de ictericia es la presencia de una obstrucción de la vía biliar. Ésta se puede producir por una variedad de causas, siendo la más frecuente una de tipo benigna como es la presencia de una coledocolitiasis (presencia de un cálculo biliar en el colédoco o vía biliar extrahepática). Normalmente el paciente o tiene colelitiasis asociada o tiene antecedente personal de haber sido sometido a una colecistectomía por colelitiasis sintomática años antes. Generalmente para confirmar una sospecha ecográfica de coledocolitiasis, que suelen debutar clínicamente con una colangitis aguda con fiebre, ictericia y dolor en hipocondrio derecho severo, que suele re querir antibioterapia intravenosa e ingreso hospitalario, se suele someter al paciente a una colangio-RMN y posteriormente se resuelve generalmente sometiendo al paciente a una CPRE terapeútica con esfinterotomía endoscópica, que permite la extracción del cálculo biliar con un balón de Fogarty, con la consiguiente resolución de la ictericia obstructiva.

Otras de las causas de ictericia obstructiva es la presencia de una colangitis esclerosante primaria (CEP), que se trata de una enfermedad inflamatoria de los conductos biliares intrahepáticos y en algunas ocasiones de los extrahepáticos. Se caracteriza por la presencia de estenosis segmentarias de la vía biliar, así como la presencia de elevación de las enzimas de colostasis exclusivamente (elevación de GGT y FA) y puede presentar en algunos casos positividad para los anticuerpos anticitoplasmáticos (ANCA). La prueba de imagen más eficaz para detectarla es la colangio-RMN, que no irradía y no precisa de la administración de contraste intravenoso.

En las fases iniciales no suele presentar bilirrubina elevada, pero conforme evoluciona la enfermedad, y las estenosis evolucionan, puede comprometer el flujo biliar en algunas ramas biliares concretas, llevando al paciente a que tenga ictericia y el posible desarrollo de colangitis aguda de repetición, que generalmente obliga a ingresar al paciente para administrarle tratamiento antibiótico intravenoso con Ciprofloxacino o Amoxi-clavulánico intravenoso, que suele resolver el episodio de colangitis aguda en la mayor parte de los casos rápidamente. Si la enfermedad sigue evolucionando, de forma que los episodios de colangitis aguda piógena recurrente son muy frecuentes, más de 1 episodio por mes asociado a deterioro de la función hepática (score de Child-Pugh), el paciente deberá ser propuesto para indicación de trasplante hepático.

Estos pacientes con CEP tienen un riesgo mayor de asociarse a enfermedad inflamatoria intestinal, sobre todo colitis ulcerosa y tienen más riesgo de cáncer de colon y colangiocarcinoma. Por ello, es conveniente someterlos a colonoscopia todos los años y desde primaria, podría ser conveniente monitorizar el marcador tumoral CA-19.9 y valorar la bioquímica hepática, sobre todo los enzimas de colostasis (GGT y FA) y una elevación de la bilirrubina total obligaría a remitir al paciente a Digestivo o a urgencias, dependiendo de la demora de la consulta especializada.

También parásitos pueden ser responsables de ictericia como amebiasis, áscaris lumbricoides, Clonorchis, vesículas de hidátides, etc, por lo que podrían beneficiarse de solicitar parásitos en heces y valorar en el hemograma si existe eosinofilia o elevación de la IgE, asociado a episodio de diarrea o contactos de perros en infancia no vacunados.

Los pacientes que debuten con ictericia indolora, masa abdominal, elevación del marcador tumoral CA-19.9, generalmente mayor de 100, asociado a depresión y/o diabetes mellitus y síndrome constitucional habría que sospechar un cáncer de páncreas. En otros casos, como pancreatitis aguda que debuta con ictericia, puede ser por compresión de un pseudo quiste pancreático sobre la vía biliar, y se suele caracterizar por elevación mantenida de los niveles de amilasa y dolor abdominal.

La cuarta causa para que un paciente pueda desarrollar ictericia es debido a la presencia de una hepatitis aguda o crónica, pero de predominio colostásico. En estos cuadros existe una elevación más marcada de los enzimas de colostasis (GGT y FA) que la que presentan las transaminasas. Destacamos las hepatitis infecciosas granulomatosas como la tuberculosis o la lepra. La sarcoidosis puede debutar con ictericia, fiebre, hepatoesplenomegalia y adenopatías periféricas, típicamente hiliares. Se trata de una enfermedad sistémica granulomatosa, que se caracteriza analíticamente por elevación del calcio sérico y por elevación de la ECA (enzima convertidora de angiotensina).

Hepatitis tóxicas colostásicas típicas son producidas por fármacos como sulfonamidas, alopurinol, quinidina, eritromicina, anabolizantes, estrógenos, clorpromacina, etc. También las sepsis parasitarias o micóticas (Candida) puede presentar ictericia, así como la granulomatosis de Wegener. También en el SIDA puede aparecer ictericia multifactorial (colangiopatía con citomegalovi- rus o Criptosporidium).

Los pacientes con colangitis biliar primaria o CBP pueden debutar con ictericia en fases avanzadas, enfermedad colostásica caracterizada por inflamación de los colangiolos intrahepáticos interlobulillares y positividad de anticuerpo anti-mitocondrial, así como es típico la elevación de la IgM e hipercolesterolemia. Suele asociarse en las fases iniciales a prurito y es conveniente descartar la presencia de osteopenia/osteoporosis con densitometria ósea, al ser una enfermedad crónica colostásica, que disminuye la absor- ción de las vitaminas liposolubles como A, D, E y K.

La enfermedad del injerto contra el huésped en trasplantados de médula ósea o de órganos sólidos puede debutar con ictericia. Otra causa es la colestasis intrahepática del embarazo, que es típica del 3º trimestre y se autolimita sin tratamiento médico con el parto.

Existen otros cuadros más raros, como la colestasis recurrente benigna, que se caracteriza por una colestasis intrahepática de origen familiar, que debuta con colestasis con ictericia autolimitada en varios días y que recurre en otros momentos.

También puede debutar con ictericia aquellos pacientes que tienen un síndrome de Mirizzi, que se produce por la impactación de un cálculo biliar en el infundíbulo vesicular o en el conducto cístico, lo que podría condicionar una obstrucción de la vía biliar por compresión extrínseca del conducto hepático. La colangio-RMN muestra una dilatación de la vía biliar por encima del conducto cístico.

No nos podemos olvidar tampoco de la colangiopatía portal, que es una entidad que puede debutar con ictericia en pacientes con antecedente de trombosis crónica portal en forma de caver- noma, siendo responsable de la aparición de circulación colateral y varices esófago-gástricas, lo que va producir altera- ciones de la vía biliar (estenosis, dilataciones o angulaciones), que podría llevar al desarrollo de ictericia obstructiva con fie- bre, dolor abdominal y colangitis aguda. Se debe estudiar con ecografía-doppler abdomen, pero sobre todo confirmarla con colangioRMN.

Es recomendable que estos pacientes reciban profilaxis con betabloqueantes para evitar episodios de hemorragia digestiva alta variceal mediante propanolol 40 miligramos cada 12 horas (Sumial), carvedilol 6,25 mg cada 12 horas o Nadolol (Solgol). Por tratarse de trombosis portal crónica, generalmente el inicio de anticoagulación no resuelve el cuadro.

Otra causa de ictericia es la presencia de un linfoma con afectación hepática. Se trata de pacientes que pueden tener fiebre, sudoración nocturna, pérdida de peso, masa abdominal por presencia de un conglomerado adenopático perihiliar, hepatoesplenomegalia severa, sin semiología de ascitis. Analíticamente pueden tener elevación de la LDH y beta-2 microglobulina sérica.

El diagnóstico suele realizarse mediante TAC cervico-toracico-abdominal con contraste intravenoso, confirmarse con laparoscópica y exeresis de adenopatías para estudio anatomopatológico con inmunohistoquímica o biopsia hepática percutánea (si las plaquetas y coagulación es normal) o por biopsia hepática transyugular en pacientes con plaquetopenia o alargamiento de los tiempos de coagulación o enfermos con insuficiencia renal cróni- ca en hemodialisis. Generalmente tras el diagnóstico es necesario someter al paciente a un PET para una correcto Estadiaje del linfoma, con objeto de definir la mejor opción terapeútica para el paciente.

En cuanto a las indicaciones de baja laboral como médico de cabecera habrá que cometar que los procesos agudos, como la colangitis y la colecistitis aguda, precisan ingreso hospitalario y, por ello, baja laboral.

El cólico biliar, el prurito y la astenia intensos, la ictericia, la patología ósea y la malabsorción que aparecen en las enfermedades colestásicas crónicas, constituyen indicaciones de baja laboral. Sin duda, la existencia de un deterioro pronunciado de la función hepática en pacientes con cirrosis biliar, y el síndrome constitucional y el deterioro progresivo relacionado con patología tumoral biliar, obligan a mantener en situación de baja laboral a estos pacientes.

Capítulo 11: Hipertransaminasemia

La elevación de las transaminasas (GOT y/o GOT) es un síndrome que se puede objetivar de forma muy frecuente en primaria. Puede ser aguda o crónica y también puede ser clasificada, dependiendo de que ocurra en un paciente febril o afebril. Otra posibilidad es que sea un hallazgo incidental en un control analítico rutinario o bien esté en un contexto clínico del paciente.

Se objetiva en la analítica que existe una elevación de la alanina ami- notransferasa (ALT) o aspartato aminotransferasa (AST). Su elevación en plasma, salvo que exista un daño muscular o cardiaco es un indica- dor muy sensible de daño hepatocelular. Es conveniente detectar esta alteración precozmente, siendo razonable profundizar en la etiología de esta alteración, con objeto de prevenir la progresión a un estadio terminal en un futuro.

Para ello, en un paciente asintomático con elevación de transaminasas, lo primero que debemos hacer es confirmarlo, repetiendo el control analítico de nuevo. Si se normalizaron sin tener síntomas no parece razonable continuar con el estudio, el cual se ampliaría en caso de mantenerse la alteración.

Una vez confirmada la elevación de transaminasas en un segundo control analítico, deberemos indagar posibles etiología mediante una exhaustiva anamnesis, interrogando al paciente primero en los antecedentes familiares, si hay casos en su familia de hepatopatía crónica (hemocromatosis, hepatitis crónica viral en su madre, enfermedad de Wilson, etc) y posteriormente sobre sus antecedentes personales como el consumo de alcohol (tubos de cerveza, vasos de vino o cubatas, que consume al día o bien en fines de semanas y desde cuando), consumo de fármacos potencialmente hepatotóxicos (enala- pril, amoxi-clavulánico, captopril, clorpromacina, etc), consumo de drogas (cocaína, anfetaminas, heroína por vía intravenosa actual o previa, MDMA, pasta base o Crack, cannabis, ácido lisérgico o LSD), consumo de productos de herboristería o preparados hormona- les o proteícos para generar musculación.

En ocasiones, si toma productos con muchas combinaciones de fármacos, será conveniente que te traiga el envase y te especifique cuanta medicación toma al día y desde cuándo y donde la adquirió. Ingresos previos por pancreatitis aguda enólica o descompensaciones hepáticas previas.

Debe también hacer una exploración física que ponga de manifiesto la existencia de una hepatopatía crónica silente (arañas vasculares faciales, circulación colateral abdominal, eritema palmar, caries dental marcada, antecedentes de fracturas antiguas, hepatomegalia, esplenomegalia, oleada ascítica abdominal, hipogonadismo (ginecomastia en varón), enfermedad de Dupuytren en manos (incapacidad de abrir bien determinados dedos de las manos), edemas maleolares, fotosensibilidad cutánea, hematomas frecuentes, etc.

Así tendremos diferentes etiologías que se caracterizarán de forma abreviada en:

1. Alcohol: GOT/GPT 2:1 y elevación de la γGT asociada generalmente a elevación del volumen corpuscular medio (VCM), elevación de la IgA y reconocimiento generalmente por parte del paciente que bebe en exceso. Es fundamental interrogar al paciente para ver si tiene dependencia al consumo de alcohol y le es imposible dejarlo, o bien, se trata de un aspecto de su vida, que no va a tener problemas para dejar de consumirlo.

Se recomendará dejar de beber de inmediato de forma completo. En todo caso, se le permitirá tomar cerveza 0.0°, y si hay indicios de dependencia claros, remitir a Salud Mental para que valore al paciente, además de solicitar al paciente que deseas como su médico de familiar tener una nueva cita con su familia, si es que la tiene, o en realidad, el paciente tiene una familia desestructurada, soledad, depresión severa asociada, problemas socio-laborales serios (paro, prisión, otras drogodependecias como la de ansiolíticos oculta que no reconoció al inicio de la entrevista), pues sera fundamental solicitar la participación del trabajador social. Se valorararán el empleo de fármacos para la deshabituación alcoholica y para reducir el deseo de consumir en caso de tratarse de un problema serio, sin esperar a que sea valorado por Salud Mental.

2. Tóxica o farmacológica: revisar cuidadosamente el listado de los fármacos, que actualmente esté consumiendo o haya consumido en los 3 meses previos, que puedan ser potencialmente hepatotóxicos, en especial, simvastatina o hipolipemiantes, antihipertensivo tipo IECA, antibioterapia con amoxicilina-clavulánico o macrólidos tipo eritromicina o claritromicina, alopurinol, clorpromacina, hidralacina, etc.

Eliminar del consumo todos aquellos que no sean estrictamente imprescindibles o bien, sustituirlo por otro alternativo menos hepatotóxico. Por ejemplo, si está tomando un IECA como antihipertensivo, cambiarlo por un antagonista del calcio (nifedipino, amlodipino, lecardipino, etc), por un diurético (hidroclorotiazida, furosemida, etc), o bien, un betabloqueante como propanolol, nadolol, carvedilol, etc. Si tiene una hiperlipemia, valorar si es posible suspender la simvastatina durante 3 meses para ver si ésto lleva al paciente a una normalización de la bioquímica hepática.

3. Hepatitis viral: para descartarla tendrás que solicitar estudio serológico, que generalmente incluye en primaria el virus de la hepatitis B (AgHB, antiHBc y anti-HBs), el virus de la hepatitis C (anti-VHC) y VIH. En caso de fiebre con adenopatías, amigdalitis y/o esplenomegalia, se puede solicitar también citomegalovirus (CMV) o virus de Ebstein- Barr (VEB).

Si fuera positivo el AgHBs, tendrías que remitirlo al Digestivo para que complete el estudio y valore con pruebas si se trata de un portador asintomático, que generalmente tiene viremia indetecta ble o muy baja (DNA-VHB < 2000 U/ml, generalmente por deba- jo de 1000 UI/ml), suelen tener una ecografía abdomen normal, sin datos de evolución de enfermedad hepática ni signos de hipertensión portal, y cuando se le hace el Fibroscan como prueba no invasiva del grado de fibrosis hepática suele tener un grado de fibrosis bajo (F0-F1, generalmente con un score bajo inferior a 6 Kilopascales).

Aunque la infección por el virus de la hepatitis B no esté activa en ese momento, y no presente daño hepático relevante (con elevaciones de transaminasas discretamente elevadas en algunas determinaciones nada más), eso no quiere decir que no puedan infectar a sus familiares o a sus parejas sexuales.

Por ello, será fundamental que se haga estudio serológico a sus familiares, salvo aquellos que estén ya previamente vacunados cuando nacieron (generalmente sus hijos pequeños), si los tuviera, de forma que si conviven con él su conyuge y otros familiares de más edad como sus padres, hermanos o conyuge, todos ellos deberán realizarse una serología del virus de la hepatitis B.

Podrán encontrarse 2 situaciones distintas:

a) Tengan datos de infección pasada (AgHBs -, anti-HBc+ y/o antiHBs+): no precisarán vacunación de la hepatitis B.
b) No hayan tenido contacto con el virus hepatitis B (AgHBs-, antiHBs- y antiHBc-): deberán ser vacunados con 3 dosis (0-1-6 meses). No es preciso comprobar títulos antiHBs post-vacunación, ya que la tasa de éxitos post-vacunación suele ser en paciente inmunocompetentes cercana al 90%.

En los pacientes que la serología del virus de la hepatitis C sea positiva (anti-VHC+), deberá ser remitido al Digestivo en todos los casos para que se solicite la carga viral o viremia del VHC (RNA-VHC), pues podríamos tener 2 situaciones distintas:

a) Si la viremia o RNA-VHC es indetectable, indicará que el paciente ha realizado un aclaramiento viral espontáneo (AVE) o curación virológica espontánea, es decir, él mismo con sus defensas habrá eliminado el virus de la hepatitis C, y no precisará tratamiento antiviral.

Para confirmar que lo eliminó sin haberle quedado daño

hepático significativo, se solicitará una ecografía abdomen y un fibroscan que confirme que tiene fibrosis baja o inexistente (F0-F1) y que la eco no muestra signos ecográficos de evolución de enfermedad hepática. En este caso es inusual que el paciente tenga hipertransaminasemia, salvo que se asocie una esteatohepatitis no alcohólica o esté consumiendo alcohol además.

b) Si la viremia o RNA-VHC es positivo, es decir, tiene carga viral detectable, expresadas habitualmente en unidades internacionales (UI) por mililitro (ml), hablaremos que el paciente tiene una carga viral baja si la viremia es menor de 800.000 UI/ml, mientras será elevada si es superior a este dintel.

En este paciente se deberá descartar otras etiologías añadidas a la hepatitis C, sobre todo que deje de beber si bebe; si tiene sobrepeso, que haga una dieta baja en grasas, ejercicio físico y pierda peso al menos un 10% respecto al peso basal; si tie- ne positividad del anticuerpo antinuclear (ANA +), podría ser secundario al propio virus hepatitis C, determinar tam- bién los niveles de ferritina, por si estuviera elevada, por si tiene asociada una Porfiria cutánea tarda (lesiones cutáneas por fotosensibilidad) o bien una hemocromatosis asociada.

Si el paciente tuviera artralgias, antecedente de neuropatía o purpura o insuficiencia renal crónica o elevación discreta de la creatinina, sería recomendable que el Digestivo determi- nara el nivel de crioglobulinas séricas y del factor reumatoide, que en caso de estar elevadas, indicaría que la infección crónica por el virus de la hepatitis C se encuentra asociada a una crioglubulinemia mixta esencial. Para valorar el tipo de tratamiento antiviral que debe emplearse, se deberá solicitar una ecografía abdomen para ver si hay signos de evolución de enfermedad hepática y sobre todo, un Fibros- can para valorar el grado de fibrosis hepática.

Actualmente, si el paciente tuviera un grado de fibrosis bajo (F0-F1; score de Fibroscan < 7,5 KPa) no van a estar autoriza- dos en España y sobre todo aquí en Andalucia, los tratamientos antivirales basados en antivirales de acción directa (AAD), por lo que la opción sería tratamientos basados en interferón. Sin embargo si el paciente tiene un grado de fibrosis $\geq$ 7,5 KPa, la administración sanitaria autorizará al empleo de los tratamientos antivirales con AAD (los nuevos de administración oral, que son terapias cortas de 8-12 semanas, con una eficacia muy alta, con tasas de curación comprendidas entre un 85-95%, y con es- casos efectos secundarios). Los pacientes con un Fibroscan con score comprendido entre 7,5 KPa y 9,4 KPa tendrán un F2.

Si el paciente tiene un score en el Fibroscan comprendido entre 9,5 KPa y 12,4 KPa será un F3 (fibrosis en puentes o precirróticos) y si tiene un Fibroscan con score > 12,5-13 KPa, ese paciente será cirrótico o también llamado F4, que son aquellos que precisan ser tratados con carácter muy preferente con AAD, a corto plazo los F3 y tras haber tratado a todos los F3 se deber- ían tratar a todos los F2.

Si el paciente es F0-F1 si el paciente es naive o previamente no tratado, podría acceder a iniciar terapias con antivirales bassados con interferón, mientras que aquellos que hayan sido ya tratados con biterapia años previos (interferón pegilado + Ribavirina), la experiencia negativa vivida, al tratarse de un tratamiento largo de 11 meses, cargado de efectos secundarios y con tasas de curación en torno a 45-50%, es difícil que vayan a desear que sean tratados con combinaciones antivirales basadas con interferón, a las que generalmente se añaden Simeprevir (Olysio) o Sofosbuvir (Sovaldi).

c) Hepatitis autoinmune: se caracteriza por elevación de transaminasas, elevación del anticuerpo antinuclear (ANA) y/o anti-músculo liso (ASMA) y en niños, y mucho más infrecuente, los anti-LKM. Suelen tener elevados las gammaglobulinas, sobre todo la IgG. Puede elevarse además los niveles de bilirrubina total con ictericia (hepatitis aguda colostásica). Puede tener otros anticuerpos positivos como anti-LC1 o anti-SLA/LP. Suele asociarse a otras entidades autoinmunes como tiroiditis, psoriasis, artritis reumatoide, etc. Debe ser remitido a Digestivo para que someta al paciente a una biopsia hepática que lo confirme (histología con hepatitis de interfase e infiltrado linfocitario con rosetas y se evi- dencie que no está asociada a otras entidades como la colangiopatía biliar primaria (CBP) o colangitis esclerosante pri- maria (CEP). El tratamiento suele ser con esteroides orales y/o inmunosupresores (azatioprina o micofenolato).

Si toma corticoides se debe prescribir calcio + vitamina D, y usted como su médico de cabecera, deberá monitorizar su tensión arterial, insistirle en importancia de hacer una dieta hiposódica y control de la glucemia, sobre todo cuando los esteroides no pueden ser suspendidos completamente tras 3 meses de terapia, ya que hay casos que quedan con Budesonida o prednisona a dosis bajas (5 mg de prednisona diario). En esa situación sería recomendable que se someta anual o bianual- mente a una densitometria ósea.

Si el paciente presentara desorientación con disminución del nivel de conciencia (encefalopatía hepática) con aumento de los niveles séricos de amonio, asociado a alargamiento del tiempo de protrombina (TP), debería ser remitido de urgencia a un hospital, ya que podría estar desarrollando una insuficiencia hepática aguda, que podría precisar de un trasplante hepático urgente (código 0).

d) Hemocromatosis hereditaria: si evidenciamos una ferritina elevada, lo primero que debemos descartar es que el paciente tenga un consumo de alcohol excesivo. En caso de confirmarse, lo normal es que al dejar de beber, la ferritina vaya bajando progresivamente y además se normalice la bioquímica hepática.

Si el paciente no consume alcohol (confirmar que la GGT y VCM son normales), se deberá solicitar también el índice de sa- turación de la transferrina (IST) que suele ser elevada en caso de hemocromatosis con valores superiores a 55-65%. Si se realiza pasado varios meses nueva determinación de la ferritina e IST y se mantienen elevados, se deberá solicitar un estudio genético de hemocromatosis (descartar sobre todo las mutaciones C282Y y H63D).

Si el paciente es portador de ellas, se podrá solicitar en caso de duda diagnóstica una biopsia hepática percutánea, mientras que si el paciente es diabético, hepatomegalia, signos de hipertensión portal sin anemia, se podría indicar flebotomías de 500 mililitros de sangre completa con control de hemograma post-flebotomias para ver que el paciente no se anemice. El objetivo es que el paciente tenga una ferritina < 50 nanogramos/mililitro y se normalicen las transaminasas.

En cuanto a la dieta, se recomienda que reduzca la ingesta de cítricos (mandarina, naranjas, limón), que son ricos en vitamina C, bioelemento que favorece la absoción del hierro de la dieta, y se debe recomendar que no beba alcohol y además tome más té (quelante del hierro). Hay otra técnica que puede ser empleada por el Digestivo para ver si existe exceso de hierro hepático, con objeto de evitar la biopsia hepática, como es la cuantificación in- directa del hierro hepático en la resonancia magnética hepática.

Si el paciente tuviera lesiones cutáneas por fotosensibilidad y ferritina elevada, podría ser conveniente que el Digestivo descartara una Porfiria cutánea tarda. Para ello, solicitará porfiri- nas en orina y sangre de 24 horas.

e) Esteatohepatitis no alcohólica: suele presentarse en paciente con síndrome metabólico (dislipemia, diabetes mellitus, sobrepeso u obesidad, abuso de la dieta fast-food, dieta rica en carnes, sin ejercicio físico a diario) y en algunos casos con cardiopatía isquémica con aspirina infantil + antiagregantes. Suelen tener elevados, además de las transaminasas, la GGT y pueden ser pacientes polimedicados, por estatinas, antihipertensivos, antidiabéticos, antidepresivos, aspirina infantil o antiagregantes, que pueden explicar, en parte, la elevación asociada de la GGT.

Cuando se hacen la ecografía abdomen suelen presentar un aumento de la ecogenicidad hepática y detectar la esteatosis hepática ecográfica. Inicialmente se les indicarán que pierdan peso, hagan ejercicio físico dentro de sus posibilidades, ya que algunos son cardiópatas isquémico y lo tienen limitado o tienen problemas articulares o prótesis en rodilla o caderas generados por su propio sobrepeso u obesidad.

Será fundamental que al menos pierdan un 10% de su peso basal, para ver si se normaliza la bioquímica hepática, especialmente las transaminasas, quedándose en algunos casos la GGT sin normalizar. Intentar mejorar desde primaria las cifras de glucemia en diabéticos. Para ello, se intentará potenciar el ejercicio diario como andar al menos 1 hora diaria, natación en una piscina climatizada o en la playa en verano. Eliminar las grasas de la dieta, fundamentalmente el cerdo, carnes rojas y quitar el queso viejo que es muy graso. Tomar lácteos desnatados y comer fruta o yogurt desnatados entre comidas para no ir con hambre a las co- midas importantes, sobre todo almuerzo y cena.

Desayunar dieta mediterránea basada en aceite de oliva virgen, pescado azul (salmón, atún, caballa, pez espada, boquerones) que son ricos en acidos grasos omega 3. Tomar aguacates, fruta antioxidante como los frutos del bosque (arándanos, frambuesas, moras, etc). En caso de no mejorar su analítica con estas medidas, se podrá indicar un tratamiento oral que no está financiado y que se denomina Legasil tomando 1 comprimido cada 12 horas duran- te al menos 6 meses para ver si se normaliza la bioquímica hepática, pero sobre todo sin olvidar que tiene que perder peso con dieta baja en grass y ejercicio físico.

f) Enfermedad de Wilson: suele ocurrir en pacientes jóvenes con menos de 40 años, con síntomas psiquiátricos (ansiedad o depresión) o neurológicos (temblor, trastornos del movimien- to), presencia del anillo de Kayser-Fletcher (debe descartarlo el Oftalmólogo). Analíticamente tienen la ceruloplasmina baja, así como la cupremia, siendo los niveles de cobre en orina elevados. Pueden haber debutado previamente con una anemia hemolítica test de Coombs negativo. En estos pacientes es recomendable someterlos a una biopsia hepática y cuantificar los niveles de cobre hepático en tejido seco. Si se confirma, el paciente deberá ser tratado si la clínica es poco florida con Wilzin, que disminuye la absorción de cobre de la dieta, mientras que si es florida, se de berá indicar tratamiento con quelantes del cobre (D-penicilamina o Trienterine).

g) Deficit de alfa-1-antitripsina: se debe solicitar este parámetro en caso de que se trate de un paciente con antecedente personal de EPOC.

h) Si el paciente tiene diarrea o estreñimiento, flatulencia con abundantes gases (meteorismo), nauseas, pérdida de peso, signos de malnutrición, lesiones cutáneas (dermatitis herpetiforme), y además presenta hipertransaminasemia, se debería solicitar los anticuerpos transglutaminasa, para descartar una enfemedad celiaca. Si se mantuviera la sospecha clínica, se debería solicitar el estudio genético de la celiaquía.

Deberás remitirlo al Digestivo, aunque sea negativo, para saber si presenta positividad al HLA-DQ2 o DQ8. En caso de ser positivos, se indicaría una endoscopia oral para tomar biopsias duodenales, descartar si existe linfocitosis intraepitelial o atrofia vellositaria. La instauración en este paciente de una dieta exenta en gluten, podría llevar a una normalización de la bioquímica hepática y desapari- ción de los síntomas digestivos asociados.

i) Patología muscular (miositis o dermatomiositis): se recomienda solicitar también otras enzimas musculares por si estuvieran elevadas, como la CPK o la aldolasa.

j) Patología tiroidea: se trata de un paciente que probablemente tenga antecedentes familiares de tiroiditis (Graves o Hashimoto) o bocio. Suele tener alterados las hormonas tiroideas, además de las transaminasas (TSH y/o T4libre). Hay que recordar que pue- de constituir una manifestación extrahepática de la infección crónica por virus hepatitis C.

k) Insuficiencia renal aguda: caracterizada por hipertransaminasemia en algunos casos, cortisol bajo, hiperpigmentación mucosas, dolor abdominal, nauseas o vómitos matutinos, depresión.

l) Hepatitis isquémica: suele producirse elevación de transaminasas, así como CPK y LDH (láctico deshidrogenasa) sérica. Suele producirse por consumo de fármacos vasoconstrictores administrados intravenosamente en situaciones de inestabilidad hemodinámica, hemorragia digestiva severa, shock hipovolémico (accidente de tráfico), consumo de cocaína, etc.

Si nos centramos en valorar situaciones de hipertransaminasemias asociadas a fiebre tenemos que descartar las hepatitis virales agudas como la hepatitis A y E, así como hepatitis herpética, que puede afectar a inmunodeprimidos o embarazadas. También puede asociarse a la hepatitis con fiebre, la intoxicación por fármacos como paracetamol o toxicidad por halotano o ingesta de setas (Amanita Phaloides).

También podemos encontrar alteración de la bioquímica hepática en caso de colecistitis aguda, colangitis aguda, absceso amebiano o piógeno, así como hepatitis aguda por virus Ebstein-Barr, citomegalovirus, virus herpes simple, virus varicela zoster, Cocksackie B, adenovirus, sarampión, rubéola. También con virus tropicales como dengue o Ébola. Como fármacos que pueden producir alteración de la bioquímica hepática tenemos tuberculostático, tratamiento antirretroviral en VIH, antifúngicos, anticonvulsivantes, estatinas (Simvasta- tina), antibacterianos (amoxi-clavulánico, claritromicina), AINEs.

Otras infecciones que pueden producir alteración bioquímica hepática tenemos: neumonías por Streptococo pneumoniae, Legionella, micoplasma, brucelosis, lepra, listeriosis, sífilis, fiebre Q, enfermedad de Lyme. No podemos olvidar las infecciones parasitarias como hidatidosis, leishmania, toxoplasmosis, malaria, Schistosomiasis, fasciola hepática.

Hipertransaminasemia asociadas a enfermedades inflamatorias tenemos: arteritis de la temporal, enfemedad de Still, lupus eritematoso sistémico, Panarteritis nodosa, hepatitis granulomatosas, sarcoidosis.

Entre las causas neoplásicas tenemos el linfoma no Hodking y enfermedad metastásica hepática.

Si hubiera fiebre, entre las pruebas complementarias que deberíamos solicitar sería:

a) 2 hemocultivos seriados.
b) Frotis de sangre periférica (descartar linfocitos activados en caso de mononucleosis o Paul-Bunnel +), presencia de esquistocitos o esferocitos, serología del VHA, VHB y VHC.
c) Como pruebas de imagen: ecografía abdomen y Radiografía torax para descartar lesiones TBC, neumonía, abscesos amebianos o piógenos, colecistitis o dilatación de vía biliar en colangitis aguda.

d) Podría solicitarse en primaria serología como citomegalovirus, si tiene hepatitis B solicitar serología virus hepatitis delta, virus Ebstein Barr, virus herpes simple I y II, Coxiella Burnetti (tos, neumonía atípica y dolores articulares en la fiebre Q), Brucella en caso de ser cuidador de cabras, vacas (Fiebre de Malta).

e) Si lesiones en Rx torax cavernosas + Mantoux + asociada a tos, expectoración, se debe solicitar baciloscopia del esputo, cultivo de Lowestein en esputo. Si es inmunodeprimido, en lugar de Mantoux se podría solicitar el IGRA (prueba de estimulación con interferón). Se deben valorar el historial farmacológico en los últimos 3 meses.

También es bueno hacer una clasificación dependiendo del patrón de alteración de la bioquímica hepática que encontremos. Así tendremos:

a) Patrón citolítico o hepatocelular:
- Intoxicación por paracetamol.
- Hepatitis isquémica.
- Hepatitis víricas agudas (VHA, VHB, VHC).
- Hepatitis autoinmune.
- Enfermedad de Wilson.

- Déficit de alfa-1-antripsina.
- Consumo de drogas (cocaína, anfetamina).

b) Patrón colostásico (elevación enzimas GGT, FA y/o Bilirrubina total):

- Ictericia obstructiva (colangitis aguda, colecistitis aguda, adenocarcinoma de cabeza de páncreas, colangiocarcinoma).
- Coledocolitiasis.
- Colangitis esclerosante primaria (CEP).
- Papilitis fibrosa.
- Colangitis biliar primaria (CBP).
- Anticonceptivos orales, amoxicilina-clavulánico.

Todo paciente con elevación marcada de transaminasas aguda, asociada a alargamiento del tiempo de protrombina y presencia de signos de encefalopatía hepática (confusión, desorientación tempo- roespacial, agitación Psico-motora, ausencia de colaboración, asterixis) debe ser remitido urgentemente a un centro hospitalario, ya que podría estar iniciando una insuficiencia hepática aguda y precisar un trasplante hepático urgente (código 0), siempre que no exista contraindicación absoluta.

Si un paciente tiene una hepatitis aguda por VHB con criterios de gravedad (elevación muy marcada de transaminasas, con viremia detectable, manifestaciones extrahepáticas severas como insuficiencia renal aguda por glomerulonefritis o crioglobulinemia mixta esencial) con riesgo vital del paciente, claramente tendrá indicación de tratamiento antiviral con Tenofovir o Entecavir oral.

Si un paciente acude por intento autolítico de ingesta tóxica de paracetamol, lo primero que deberemos hacer en primaria es un lavado gástrico con carbón activado, descartar que no tenga insuficiencia hepática aguda (alargamiento TP y encefalopatía hepática), acidosis metabólica, emplear N-acetilcisteina intravenosa y sueroterapia y trasladar al paciente a un centro hospitalario. Lógicamente deberá también recibir asistencia por Salud Mental para que no recidive en un nuevo intento.

Capítulo 12: Hepatopatia alcohólica y síndrome abstinencia

La hepatopatía crónica alcohólica es una enfermedad adictiva que forma parte de nuestra vida diaria y el consumo excesivo de este tóxico puede generar problemas de dependencia psíquica y física a largo plazo, que es responsable de una importante morbi-mortalidad de origen hepático y extrahepático. Forma parte de nuestra cultura culinaria y vida social, por lo que tomar medidas restrictivas para conseguir un mayor grado de abstinencia enólica no permiten reducir el consumo patológico de este tóxico.

La OMS en su informe del 2014 indica que el consumo por persona y año es unos 6,2 litros. Cerca del 75% de la población europea bebe alcohol. Uno de cada 4 personas en España se estima que ha tenido un consumo excesivo de alcohol en alguna ocasión (ingesta de más de 60 gramos de alcohol).la DSM V ha establecido 2 trastornos secundarios al consumo excesivo de alcohol: uno el abuso de alcohol y otro la dependencia alcohólica. Para diagnosticar un consumo perjudicial de alcohol se suele emplear como herramienta varios cuestionarios:

a) AUDIT (Alcohol Use Disorders identification test), que está basado en una serie de items, de forma que una puntuación superior a 8 se ha asociado a consume prejudicial de alcohol o dependencia.

b) CAGE (Cut down-Annoyed Guilty-Eye opener) son ampliamente utilizadas por su sencillez y fácil aplicación, si bien su sensibilidad para la detección de la dependencia alcohólica es insuficiente.

Uno de los problemas de los pacientes alcohólicos es que no tienen conciencia de enfermedad, bien, porque no son consciente de que el alcohol es un problema y no asume cambios de hábitos de vida ajustados al problema, de forma que su dependencia puede ser incontrolada en algunos casos. Otro de los problemas importantes es controlar el deseo de beber, los problemas socio-laborales que conlleva, así como el síndrome de abstinencia que es difícil manejar en algunos casos y que un médico de primaria debe conocer adecuadamente.

Se considera tradicionalmente que un consumo de 60 gramos de diario de alcohol en el varón y 40 gramos diarios en la mujer constituyen un factor de riesgo para el desarrollo de hepatopatía crónica enólica.

Para unificar el cálculo de consumo de alcohol se emplea las unidades de bebida estándar (UBE). Así tenemos:

- Lata cerveza: 330 mililitros. Tiene una graduación de 5°. A este envase se le da el valor de 1 UBE (13 gramos de alcohol).
- Un vaso de vino: 150 mililitros. Tiene una graduación de 12°. Le corresponde el valor de 1 UBE (14 gramos de alcohol).
- Una botella de vino: 750 mililitro. Tiene una graduación de 12°. Le corresponde a un valor de 5 UBE (70 gramos de alco- hol).
- Copa de bebidas de alta graduación o destilado (whisky, ron, ginebra): 45 mililitro. Tiene una graduación media de 40°. Le corresponde a un valor de 1 UBE (14 gramos de alcohol).

Analíticamente, los paciente que tienen un consumo patológico de alcohol tienen elevación de GGT asociado a elevación del vo lumen corpuscular medio (VCM) o macrocitosis en hemogra- ma, que se produce generalmente por déficit de vitamina B12, fólico, toxicidad directa a nivel hematíe, o incremento de depósi- to de lípido en la pared del hematie . Además la ratio GOT/GPT tiene un valor por encima de 2, elevación de IgA, elevación de ferritina.

El diagnostico de hepatopatía crónica se suele realizar por descarte, al haber excluido otras etiologías de hepatopatía crónica. En pacientes que no reconocen un consumo enólico, puede ser necesaria la realización de una biopsia hepática que la confirme.

Es necesario descartar hepatitis tóxica (consumo de fármacos potencialmente hepatotóxicos, productos de herboristería, anticonceptivos orales, preparados hormonales o proteicos para musculación). Hay que descartar una hepatitis crónica por virus hepatitis B o C. Como estos pacientes suelen tener elevados la ferritina, generalmente el IST no suele superar el 50%, y cuando dejan de consumir alcohol, comienza la ferritina a bajar progresivamente hasta normalizarse. Si se mantuviera elevada pese a abstinencia, se recomienda solicitar estudio genético de hemocromatosis.

La esteatohepatitis no alcohólica es muy similar a los hallazgos analíticos encontrados en la hepatopatía crónica alcohólica, inclu so su biopsia hepática pone de manifiesto infiltrado inflamatorio centrolobulillar, igual que ocurre en la hepatitis alcohólica. Generalmente tienen asociado sobrepeso u obesidad, síndrome metabólico con diabetes mellitus, hipertriglicidemia e hipercolesterolemia.

Es conveniente a estos pacientes si se encuentran en una situación de enfermedad hepática avanzada o cirrosis hepática, que se valorará con el score de Child-Pugh, score que incluye 3 parámetros analíticos (bilirrubina total, albúmina y tiempo de coagulación) y 2 parámetros clínicos (presencia de encefalopatía hepática y presencia o no de ascitis o presencia de líquido libre intraabdominal. La puntuación oscila de 5 puntos hasta 15 puntos. Cuanto más peor función hepática. Se gradua con estadio A (score 5 y 6 pun- tos), estadio B (score desde 7 a 9 puntos) y estadio C, el más descompensado y con peor función hepática, que va desde los 10 puntos hasta los 15 puntos. Se suele indicar valoración para un trasplante hepático en otras etiologías a partir de B7, sin embargo normalmente en pacientes alcohólicos no suele indicarse trasplan te hepático, a menos que lleve una abstinencia enólica de al me- nos 6 meses.

Hay que someterlos a una ecografía abdomen, que en pacientes cirróticos, suele indicar contornos hepáticos abollonados, hipertrofia del lóbulo caudado, presencia de ascitis o no, derrame pleural derecho, dilatación de la vena porta (generalmente con diámetro mayor o igual a 12 milimetros), esplenomegalia (aumen- to del bazo de forma homogéneo con diámetro mayor de 12-13 cm), lo que sería compatible con signos de hipertensión portal.

Si se evidencian estos signos ecográficos de hipertensión portal se recomienda someter al paciente a una endoscopia oral para descartar la presencia de varices esófago-gástricas. En algunos casos podemos someter a los paciente que no existan claros signos concluyentes de que tenga una cirrosis hepática desde el punto de vista ecográfico a un Fibroscan para ver qué score tiene. A partir de 12,5-13 Kilopascales se puede considerar al paciente con un grado de fibrosis hepática severo o F4 (cirrosis hepática).

Los pacientes con alcoholismo activo pueden desarrollar desde una esteatosis hepática simple a un episodio de hepatitis aguda alcohólica, y si siguen consumiendo con los años, pueden terminar por desarrollar una cirrosis hepática.

La esteatosis hepática simple es la alteración histológica más frecuente hallada en los bebedores crónicos (aproximadamente el 90% de ellos). Es un hallazgo que se puede encontrar en la eco- grafía de abdomen o una biopsia hepática que recibiera, ya que la mayoría están asintomáticos. Se caracteriza típicamente por elev- ción de la GGT y ocasionalmente elevación de las transaminasas con predominio de la GOT. Suelen tener a la explocación una hepatomegalia blanda indolora. No existen datos aún de hipertensión portal en los controles ecográficos.

En este colectivo de pacientes, es fundamental concienciarlos de que dejen de beber por completo, ya que es una situación totalmente reversible.

Por otro lado, existe un porcentaje de pacientes que si siguen bebiendo alcohol en dosis tóxica, pueden desarrollar un episodio de hepatitis aguda alcohólica, que puede ser grave y llevar en algunos casos a la muerte por insuficiencia hepática grave, descompensación ictero-hidrópica o síndrome hepatorrenal (insuficiencia renal secundaria a inflamación mantenida y progresiva hepática).

Se caracteriza por ser un paciente alcohólico que debuta bruscamente con fiebre, ictericia, dolor en hipocondrio derecho, hepatomegalia dolorosa, nauseas, vómitos, astenia y anorexia. Es típica la aparición de leucocitosis con neutrofilia, y puede presentar plaquetopenia, importantes elevaciones de la bilirrubina total, sobre todo a base de la directa, se suele alargar el tiempo de protrombina de forma significativa, con coluria.

Si te encuentras en una situación como ésta es fundamental remitirlo al servicio de urgencias del Hospital, para ingresar para monitorizar a estos pacientes estrechamente.

Allí será monitorizado analíticamente, sobre todo controlando función renal (creatinina sérica, excreción de sodio urinaria, especialmente si tiene ascitis y edemas maleolares, filtrado glomerular, INR diario, descartar etiologías asociadas como hepatitis virales no conocidas (virus hepatitis A aguda, reactivación de la hepatitis B no conocida, hepatitis C), gasometría venosa para ver si se asocia a acidosis metabólica, evolución de la bilirrubina total cada 48 horas.

Habrá que ver si existen infecciones interrecurrente asociadas que lo pueden llevar a un síndrome hepatorrenal: si el paciente tiene ascitis, descartar una peritonitis bacteriana espontánea (PBE), por lo que habrá que realizarle una paracentesis diagnóstica para estu- dio bioquímico urgente, microbiológico y de anatomía patológica; es conveniente realizar una radiografía de tórax para descartar una neumonía aguda aspirativa en pacientes alcohólicos, infección del tracto urinario.

Es fundamental con este tipo de paciente, calcular una serie de scores, que son necesario disponer de ellos para tener información pronóstica, algunos generales y útiles para cualquier paciente hepatopata de la etiología que sea, y otros específicos de la hepa-topatía alcohólica, que en algunos casos van a tener implicaciones en las decisiones terapeútica futuras. Entre ellos, destacamos:

- Estadio de Child-Pugh: es un score que define el grado de fun-ción hepática del paciente. Está basado en 5 parámetros: encefalopatía hepática (ausencia 1 punto, presente grado I-II con 2 puntos y presente grado III-IV, 3 puntos); ascitis (ausen- cia 1 punto, ecográfica 2 puntos y 3 puntos si es clínicamente visible); INR (1 punto si < 1.7, si entre 1.7 y 2.2 se le asigna 2 puntos y si es mayor de 2.2 se le dará 3 puntos); bilirrubina to- tal (si tiene menos de 2 mg/dl se le asigna 1 punto, si tiene entre 2 y 3 mg/dl se le da 2 puntos y si tuviera más de 3 mg/dl se le da 3 puntos) y albúmina (si es mayor de 3,5 g/dl 1 punto, si está entre 2.8 y 3.5 g/dl se le asigna 2 puntos y si es menor de 2.8 g/dl se le da 3 puntos). Así podemos tener un estadio menos grave A5 o A6, o bien intermedio desde B7 a B9, sien- do el más deteriorado y con mayor gravedad de muerte (C10 a C15).

Os facilito 2 direcciones web donde lo podeis calcular sin problemas:
a) http://www.lillemodel.com/childpugh.asp
b) http://www.mdcalc.com/child-pugh-score-for-cirrhosis-mortality/

- Escala de MELD: estratifica el riesgo de exitus en los 3 meses siguientes. Emplea 3 variables: creatinina (mg/dl), bilirrubina total (mg/dl) y valor de INR. Se debe especificar para su cálculo si el paciente ha sido sometido a diálisis al menos en 2 ocasiones en la pasada semana.

Está basado en la siguiente fórmula: Escala de MELD: $9{,}57 \times \log$ creatinina (mg/dl) $+ 3{,}78 \times \log$ bilirrubina (mg/dl)$+ 11{,}20 \times \log$ INR $+ 6{,}43$.

Podemos calcularlo si visitamos la siguiente página web: http://www.mdcalc.com/meld-score-model-for-end-stage-liver-disease-12-and-older/#next-steps

- Escala de Maddrey: es un score específico empleado para la hepatitis aguda alcohólica, de forma que si su score es mayor de 32, el pronóstico del paciente será muy malo, de forma que un valor superior a este umbral, va a hacer que tengamos que emplear los esteroides (Prednisona 40 mg/día durante 4 semanas).

- Se basa en una fórmula que emplea como parámetros: el tiempo de protrombina y el nivel de bilirrubina total (Escala de Maddrey: [4,6 × tiempo de protrombina (s)]+ bilirrubina (mg/dl). Podemos calcularlo en las siguientes páginas web:

    a) http://www.lillemodel.com/maddrey.asp
    b) http://www.mdcalc.com/maddreys-discriminant-function-for-alcoholic-hepatitis/#next-steps

- Escala de Glasgow para la hepatitis aguda alcohólica: se trata de un score que predice la mortalidad en pacientes con hepatitis aguda alcohólica. Se basa en los siguientes parámetros: edad, leucocitos, valor de BUN, bilirrubina total, tiempo de protrombina, valor control del tiempo de protrombina. Se puede calcular si visitamos las siguientes páginas web:
    a) http://www.mdcalc.com/glasgow-alcoholic-hepatitis-score/#how-to-use
    b) http://www.lillemodel.com/glasgow.asp

- Escala de Lille: se emplea para valorar la respuesta que haya tenido el empleo de esteroides al finalizar la primera semana en pacientes que hayan tenido un valor mayor de 32 en la escala de Maddrey, para decidir si se recomienda continuar con esteroides durante las 3 semanas restantes o es mejor suspenderlo, ante el riesgo potencial de complicaciones y sobre todo, infecciones.

  Se basa en las siguientes variables: edad, albúmina, bilirrubina total basal (dia 0) y bilirrubina total a la semana (dia 7), creatinina, tiempo de protrombina. Está basado en la siguientes fórmula: $R = 3.19 - 0.101*(age\ [y]) + 0.147*(albumin\ day\ 0\ [g/L]) + 0.0165*\ (evolution\ in\ bilirubin\ level\ [\mu mol/L]) - 0.206*(Creatinine\ [\mu mol/L]) - 0.0065*(bilirubin\ day\ 0\ [\mu mol/L]) - 0.0096*(PT\ [sec])$.

Un valor menor de 0.45 justificaría continuar con esteroides durante 3 semanas más, pues tendría una probabilidad de sobrevivir a los 6 meses del episodio de hepatitis aguda alcoholic de un 85%, mientras que si es superior a 0.45, la probabilidad para sobrevivir baja significativamente a un 25% a los 6 meses, por lo que en estos casos, lo recomendable es suspender los esteroides, con muy mal pronóstico.

En estos casos, suspenderíamos los esteroides y los sustituiríamos por Pentoxifilina, aunque últimamente esta indicación se está poniendo en discussion, pues no su empleo parece no cambiar la historia natural de los pacientes con este mal pronóstica.Para su cálculo podemos visitor las siguientes páginas web:

a) http://www.mdcalc.com/lille-model-for-alcoholic-hepatitis/#about-equation
b) http://www.lillemodel.com/lillept.asp

Aunque para establecer la indicación de trasplante hepático se ha basado en que el paciente tuviera al menos una abstinencia enóli- ca de al menos 6 meses, de tal manera que en pacientes bebedores activos, sin protección familiar, que viven solos, con factores desfavorables (ausencia de trabajo, entorno familiar desestructurado, comorbilidades asociadas o consumo de otras drogas o tabaco) es improbable que vaya a autorizarse la indicación. Sin embargo, en casos seleccionados, con valoración de Salud Mental favorable, consciencia de enfermedad constatadas, familia estructurada que apoya al paciente, no morbilidad asociada, ha dejado si era fumador de fumar podría plantearse la opción del trasplante hepático, pero como hemos comentado de forma muy selectiva.

Entre un 8-20% de los pacientes alcohólicos que siguen bebiendo, pese a las recomendaciones, termina finalmente desarrollando una cirrosis hepática.

En caso de un consumo de alcohol leve, tú como médico de familia podrás dar las recomendaciones para que haga una abstinencia enólica y en algunos casos podrás informarle de los potenciales riesgos que existen de continuar consumiendo y en algunos casos podrán emplearse ansiolíticos para ayudarle.

En los pacientes con dependencia alcohólica y ausencia de conciencia de enfermedad se recomienda que los envíes a Salud Mental, para ser sometido a terapia cognitivo-conductual e iniciar la desintoxificación, que consiste en la retirada del consumo de alcohol progresiva y, sobre todo, de forma segura. También se pueden emplear fármacos con tolerancia cruzada con el alcohol. Los fármacos que pueden emplearse para la deshabituación alcohólica son los siguientes:

a) Disulfirán: genera un efecto antabus. Está contraindicado cuando hay insuficiencia hepática severa. Se inicia con 500 mg al dia, pasando a una dosis de mantenimiento de 250 mg/dia.

b) Naltrexona: antagonista opioide, que reduce el deseo de beber. Efectos secundarios: nauseas, vómitos. No debe emplearse si el paciente tuvo adicción reciente a opiáceos, asi como en embarazo, lactancia, así como insuficiencia hepática (potencialmente hepatotóxico). Dosis diaria: 50-100 mg o bien 380 mg intramuscular mensual durante un mínimo de 3 meses.

c) Nalmefeno: 18 mg/dia o a demanda. Similar a naltrexona con las mismas contraindicaciones, pero con efecto más prolongado.

d) Acamprosato: agonista del GABA. Reduce recaída y del craving. Debe ajustarse en insuficiencia renal (nefrotóxico) y está contraindicado en insuficiencia hepática severa. Dosis: 1998 mg/dia durante 1 año.

e) Topiramato: fármaco con efecto gabaérgico. Reduce el recaída, consumo y craving. Como efectos secundarios tiene: parestesias, cefalea, insomnio y anorexia. Se debe reducir la dosis en insuficiencia renal. Está contraindicado en insuficiencia hepática. Dosis: 200-300 miligramos al día.

f) Gabapentina: tiene un efecto similar al anterior. Reduce la recaida. Efectos secundarios: cefalea, astenia, trastorno del sueño. Dosis: 1200-1800 mg/día.

g) Pregabalina: previene la recaída y reduce los síntomas de abstinencia. Efectos secundarios: somnolencia dosis-dependiente. Reducir en insuficiencia renal. Dosis: 150-450 mg/día.

h) Carbamacepina: mejora la abstiencia. Hay que monitorizar sus niveles plasmáticos. Efectos secundarios relacionados con alteración del hemograma. Bloqueo auriculo-ventricular y desarrollo de Porfiria. Dosis: 200 mg/8 horas.

i) Oxcarbacepina: reduce recaída. Efectos secundarios: cefalea, naúseas, vómitos, astenia y diplopía. Reducir dosis en insuficiencia renal y hepática severa. Dosis: 600-1800 mg/día.

j) Baclofen: reduce el consumo y craving. Efectos secundarios: somnolencia, nauseas, síndrome confusional dosis- dependiente. Reducir dosis en insuficiencia renal. Dosis: 30 mg/día.

En primaria debemos diferenciar 2 situaciones diferentes que podemos encontrarnos y que tienen sus características y tratamientos específicos:

- Intoxicación alcohólica aguda: trastorno orgánico derivado del consumo intensivo de alcohol de forma aguda (binge drinking). Lo define en hombres un consumo de más de 5 unidades de bebida estándar (UBE) y en la mujer un consumo superior a 4 UBE.

- Síndrome de abstinencia alcohólica: conjunto de síntomas que sufren los pacientes con dependencia alcohólica crónica tras reducir o suprimir bruscamente el consumo de alcohol.

La intoxicación aguda alcohólica se caracteriza por hablar de forma descoordinada, ataxia de la marcha, flushing facial, desinhibición sexual, nistagmus, incoordinación motora, desinhibición socio-conductual, alteración de la atención y memoria. Disminución del nivel de conciencia, pudiendo llegar al coma. Pueden presentar dolor abdominal, sobre todo hepatomegalia dolorosa, nauseas, vómitos y diarrea. Puede tener hipotermia, lo que explicaría los exitus ocurridos al amanecer en invierno en pacientes bebedores indigentes que pasan la noche fuera. También hipotensión, taquicardia y arritmias.

El diagnóstico se hace a través de una correcta anamnesis de los acompañantes o familiares que traen al enfermo, y si el nivel de conciencia es óptimo, a través del interrogatorio del paciente. Se recomienda analítica completa con iones, gasometría venosa y amonio sérico, para ver si hay hipomagnesemia, hipoglucemia, hipocalcemia, así como datos de acidosis metabólica.

A esta analítica hay que solicitar también una radiografía de tórax y un electrocardiograma. Es recomendable solicitar también otros tóxicos en orina (cocaína, heroína, benzodiacepina, anfetamina, etc), ya que con frecuencia,estos pacientes consumen algo más que alcohol, especialmente benzodiacepinas, y pueden tener dependencia también a ellas.

Debido a los déficit de atención, memoria y la ataxia que genera un etilismo agudo en estos pacientes, pueden haber sufrido traumatismo craneoencefálicos u en otras localizaciones, de ahí que debamos interrogar a testigos u acompañantes en este sentido y hacer una rigurosa exploración de la cabeza, cuello, y resto de miembros, así como una exploración neurológica exhaustiva con valoración del reflejo pupilar, fondo de ojo, temperatura, reflejos como el Babinski, y si hay signos de focalidad neurológica.

Antes de administrar cualquier suero intravenoso, sobre todo si la intención es poner un glucosado o glucosalino,es necesario administrar antes de nada, vitamina B1 o tiamina 100 mg intravenoso, para evitar un síndrome de Wernicke-Korsakov. También es recomendable aportar fólico, B6 o piridoxina y Optovite B12. Si el paciente se encuentra agitado o presenta convulsiones se puede emplear benzodiacepinas.

Si tiene agitación Psico-motriz también son útiles los neurolépticos intravenosos. Si el paciente tiene depresión respiratoria o alteración del nivel de conciencia o signos de encefalopatía hepática grado III-IV, puede ser necesario una intubación orotraqueal + ventilación mecánica.

El síndrome de abstinencia enólica es una de las complicaciones del síndrome de dependencia alcohólica. Para definirlo debe cum- plirse al menos 2 de estos síntomas: hiperactividad de sistema nervioso autónomo (sudoración, deshidratación, falta de apetito, elevación de la frecuencia respiratoria y cardiaca), temblor, nause- as o vómitos, alucinaciones, agitación psicomotriz, ansiedad o convulsiones.

El inicio de los síntomas suelen aparecer a las varias horas de suprimir el consumo de alcohol, durando la sintomatología en torno a la semana, siendo más evidente a las 48-72 horas de iniciarse. Se han dado casos que pueden durar hasta 4-5 semanas.

Durante esa semana, los pacientes pueden llegar a 4 estadios distintos, que pueden superponerse:

a) Estadio I: más evidente en las primeras 8 horas. El paciente comienza con temblor de manos, sobre todo, insomnio, miedo, nerviosismo, ansiedad, anorexia, náuseas, taquicardia e hipertensión, así como sudoración profusa.

b) Estadio II: puede estar presente durante toda la semana que dura el síndrome de abstinencia, y se caracteriza por diaforesis, hiperactividad, aumento del temblor, alucinaciones, fundamentalmente auditivas y es consciente de que no son reales, por lo que tiene una autocrítica continua.

c) Estadio III: presente fundamentalmente durante los 2 primeros días. El alcohólico alcanza este estadio cuando presenta convulsiones generalizadas tónico-clónicas. Tienen mayor riesgo de alcanzar este estadio aquellos pacientes que tienen niveles plasmáticos de magnesio bajo o tenían antecedentes de epilepsia.

d) Estadio IV: es cuando el paciente desarrolla un delirium tremens, que se caracteriza por alteración del estado mental, confusión con agitación Psico-motriz, hiperactividad y en esta situación, el paciente puede tener alucinaciones visuales. También suelen tener ansiedad elevada, ataxia, polineuropatía, historia de delirium tremens, shock, hipoxia.

Suele ocurrir cuando el paciente lleva sin beber entre 3-5 días. Suele tener hipertermia (fiebre), hipertensión arterial maligna y convulsiones generalizadas, alteraciones metabólicas, cardiovasculares o respiratorias. Hay que descartar infecciones interrecurrente, tales como meningitis aguda, abscesos cutáneos o neumonías aspirativas, así como accidentes cerebrovasculares como hematomas subdurales o subaracnoideos asociados.

El delirium tremens se caracteriza por la triada clásica (alucinaciones, temblor y déficit del nivel de conciencia). Se trata de un estadio muy grave, que es una urgencia médica, con tasas de mortalidad de hasta un 4-20 %.

Por ello, es conveniente que desde primaria, se coga una vía para administrar tiamina 100 mg intravenosa, suero fisiológi co, magnesio intravenoso, haloperidol intravenoso, diazepam intravenoso, así como oxigenoterapia y antieméticos en gafas nasales o mascarilla-reservorio, mientras que mantenga el ni- vel de consciencia. Debe localizarse a un familiar, en caso de que lo hayan traido personas no vinculadas familiarmente al paciente, por si precisara alguna intervención urgente en el hospital.

Si el paciente tiene insuficiencia hepática, los fármacos que debemos emplear es Midazolam intravenoso o Lorazepam oral si puede tomarlo. Si no tiene insuficiencia hepática, se administraría diazepam 5 miligramo intravenoso lentamente, y se puede administrar otros 5 mg intravenosos hasta conseguir la sedación. En algunos casos puede emplearse hasta varios gramos de diazepam al día en caso del delirium tremens. La dosis que permite la sedación durante el primer dia, suele ser necesario en los días 2° y 3° y se irá reduciendo 20% de la dosis cada día de forma progresiva hasta suspender. Si existiera sobredosificación con benzodiacepinas, podemos emplear el Flumacenil.

Si el paciente estuviera agitado, se suele emplear Haloperidol 2-5 mg por vía intramuscular o en combinación con Loraze- pam a dosis de 2-4 mg oral.

Para evaluar la gravedad y evolución del síndrome de abstinencia alcohólica se emplea habitualmente la escala CIWA-Ar o Clinical Institute of Withdrawal Assesment-Alcohol revised. Se van a valorar los siguientes síntomas:

- Naúseas y vómitos. Se le va dando una puntuación comprendida entre 0 y 7 puntos:

    0 Puntos: Ausencia de náuseas y vómitos;
    1 punto: Náuseas leves sin vómitos;
    4 puntos. Náuseas intermitentes con arcada seca; o bien;
    7 puntos. Náuseas constantes, frecuentes arcadas secas y vómitos.

- Temblor (brazos extendidos y dedos separados):

    0 puntos: sin temblor;
    1 punto: no visible, pero puede sentirlo en los dedos;
    4 puntos: moderado, con los brazos extendidos.
    7 puntos: severo, incluso sin extender los brazos.

- Sudoración intensa:

1. No visible
2. Apenas perceptible, palmas de las manos humedecidas
4. Gotas de sudor perceptibles en la frente
7. Sudoración profusa

- Ansiedad:

1. Sin ansiedad, relajado
2. Ansiedad ligera
4. Moderadamente ansioso o en estado de alerta
7. Equivalente a los estados de angustia vistos en los delirium o en las reacciones psicóticas

- Agitación:

1. Actividad normal
2. Actividad superior a la normal
4. Moderadamente nervioso e inquieto
7. Cambios de postura durante la mayor parte de la entrevista o dar vueltas constantemente.

- Alteraciones táctiles (hormigueo, picor, entumecimiento):

    1. Ausentes
    2. Muy leves
    3. Leves
    4. Moderadas
    5. Presencia de alucinaciones táctiles moderadas
    6. Alucinaciones severas
    7. Gran cantidad de alucinaciones severas
    8. Alucinaciones continuas.

- Alteraciones auditivas (percepción de sonidos):
    1. Ausentes
    2. Muy leves
    3. Leves
    4. Moderadas, con escasa capacidad para asustar
    5. Presencia de alucinaciones auditivas moderadas
    6. Alucinaciones severas
    7. Gran cantidad de alucinaciones severas
    8. Alucinaciones continuas

- Alteraciones visuales:

1. Ausentes
2. Muy leves
3. Leves
4. Moderadas
5. Presencia de alucinaciones visuales moderadas
6. Alucinaciones severas
7. Gran cantidad de alucinaciones severas
8. Alucinaciones continuas

- Cefalea y sensación de plenitud cefálica:

1. Ausente
2. Muy leve
3. Leve
4. Moderada
5. Moderadamente severo
6. Severo
7. Muy severo
8. Extremadamente severo

- Orientación autopsíquica y alopsíquica:

    1. Orientado. Puede añadir algunas referencias
    2. Dudoso con respecto a algunos datos (fecha, dirección)
    3. Desorientado en tiempo (no más de 2 días)
    4. Desorientado en tiempo (más de 2 días)
    5. Desorientado espacial y/o en persona

Empleando todos estos ítems, su suma total dará la gravedad del síndrome de abstinencia enólica con una puntuación total, clasificando a los CIWAr inferior a 10 puntos: síndrome de abstinencia leve; CIWAr entre 10-20 puntos: síndrome de abstinencia alcohólica moderado y si la puntuación del CIWAr es superior a 20, éste sera grave.

En cuanto al tratamiento del síndrome de abstinencia alcoholica leve-moderada (CIWA < 20 puntos), el tratamientos sera:

- Tiapride 500-900 mg/día oral.

- Clometiazol 1.344-2.688 mg/día.

- Cloracepato dipotásico 50-100 mg/día oral;

- Diacepam 30-60 mg/día oral.

- Oxacepam 30 mg/día oral

- Loracepam 1 mg/6-8 horas oral.

Si la puntuación del CIWA es mayor de 20 puntos, el tratamiento estará basado en:

- Tiapride 2-4 ampollas/4-6 horas iv (no sobrepasar 1.600 mg/día).
- Cloracepato dipotásico 100-200 mg/día oral.
- Diacepam 10-20 mg/1-2 horas oral o 10-20 mg iv/1 horas hasta conseguir sedación.
- Oxacepam 30-60 mg/1-2 horas hasta conseguir sedación
- Loracepam 2-4 mg/1-2 horas vo hasta conseguir sedación.

- Si tiene alucinaciones: Diazepam 10 mg iv a los 5-10 minutos + Haloperidol 0,5-5 mg vo c/4 h hasta 30 mg.
- Si agitación: Diazepam 10 mg iv a los 5-10 minutos + Propofol: 0,3 a 1,25 mg/kg (máx 4 mg/kg/h 48 h).
- Si hiperactividad simpatico: Diazepam 10 mg iv a los 5-10 minutos + Dexmetomidina: 0,2 hasta 0,7 µg/kg/h en 24 h.

Si empleamos el Diazepam intravenoso, una propuesta puede ser:

Día 1: 10-20 mg/6 horas
Día 2: 10-20 mg/8 horas
Día 3: 10-20 mg/12 horas
Día 4: 10-20 mg/24 horas
Día 5: 5-10 mg/24 horas
Día 6: 0

FM Jiménez Macías

Capítulo 13: Manejo y profilaxis Hepatitis virales

El virus de la hepatitis A es un virus de transmisión fecal-oral, que se manifiesta como hepatitis aguda, en forma de brotes epidémicos (ingesta de crustáceos, convite de boda, etc) o casos aislados. No cronifica, pero puede generar en algunos casos una insuficiencia hepática aguda, que precise de un trasplante hepático urgente (código 0).

Para su diagnóstico es necesario solicitar los anticuerpos IgM del virus de la hepatitis A (VHA-IgM), que permanecen positivos durante toda la fase aguda y persisten durante un periodo de 3-12 meses después de la curación. Los anticuerpos anti-VHA IgG per- manecen de forma indefinida y confieren inmunidad.

Este tipo de hepatitis es habitual que la población española con más de 40-50 años la haya pasado y esté inmunizada, y en la mayoría de los casos, la hayan tenido de forma asintomática, contagiándose cuando eran pequeños, al jugar con otros niños o por contactos con familiares cercanos (amigos, primos, hermanos) o por ingesta de alimentos contaminados lavados o regados con agua contaminada. Dado el riesgo potencial que tienen de desarrollar una hepatitis aguda fulminante, el riesgo es clara mente mayor en población con antecedentes de hepatitis crónica por otras etiologías (virus hepatitis C y B, autoinmune, enólica, etc), de ahí, que la población hepatópata crónica con otras etiologías, que sea menor de 40 años, se recomienda que sea vacunada en su centro de salud de hepatitis A.

La mayoría cursa de forma asintomática, aunque hay casos caracterizados por fiebre alta durante 48 horas, con astenia importante, en forma de una hepatitis aguda colostásica con elevación de la bilirrubina y enzimas de colostasis, acolia (coloración blanquecina de deposiciones) y coluria (coloración oscura de la orina), especialmetne de debut en adultos, que no estaban inmunizados en infancia.

La sobreinfección de este virus en un paciente con hepatitis B y C puede ser muy grave, pudiéndole llevar a la muerte o a un insuficiencia hepática severa, de ahí, que recomendemos la vacunación de la hepatitis A en esta población.

En relación a las medidas terapeúticas, en caso de hepatitis aguda por virus hepatitis A, debe realizarse una notificación al ser una enfermedad de declaración obligatoria. Informar de las medidas higiénico-dietética que debe tomar el paciente. Si ha ocurrido en un restaurante, afectando a un número de pacientes significativos, debe remos informar a los servicios de Inspección Médica correspondiente, con objeto de que se haga un estudio de la cadena epidemiológica correspondiente y se tomen las medidas terapeútica y de prevención adecuadas. Se le indicará al paciente afectado que no comporta toallas, que se lave la ropa aparte del resto de familia- res, que los utensilios de comida sean usados exclusivamente por el paciente.

En caso de ingreso, es recomendable indicar medidas de aislamiento cutáneo, y lo más importante, en todos los casos un correcto lavado de manos con antisépticos y detergente, para romper la cadena de transmisión viral. Será recomendable si la causa es aguas contaminadas, que se hicieran las inspecciones correspondientes, para evitar que la transmisión vuelva a ocurrir por las Unidades de Inspección (contaminación de aguas residuales, etc).

La población que deberías vacunar de hepatitis A son los siguientes: hepatopatía crónica de otra etiología, enfermos hematológicos, pacientes prostitutas o con prácticas sexuales de riesgo, militares, familiares de infectados, guarderías en las que haya habido un episodio, personas que realicen viajes a zonas endémicas, fibrosis quística.

La hepatitis B también es una enfermedad infecciosa de declaración obligatoria (EDO). En pacientes adultos la infección aguda se resuelve de forma espontánea, habitualmente en 6 meses, si bien un 5% evoluciona a la cronicidad y puede evolucionar a cirrosis y hepatocarcinoma. En el mundo hay aproximadamente 400 millones de persona infectadas por el virus hepatitis B (VHB). España se consideró una zona de endemicidad intermedia, con una prevalencia que oscila entre el 2-7%, pero desde la incorporación a los recién nacidos y adolescentes de la vacunación, a partir de los años 90, estos porcentajes se están reduciendo.

La hepatitis aguda B se caracteriza por tener el anticuerpo del core de la hepatitis B IgM positivo asociado al antigeno de superficie del virus B positive (AgHBs+), con títulos de anticuerpos frente al antigen de superficie negativo, que son los protectores y confieren inmunidad (anti-HBs -), mientras que los pacientes con hepatitis crónica por virus hepatitis B, tienen igual que en la aguda, el antigeno de superficie positivo (AgHBs+), anti-HBc-IgM (-) y anti-HBs (-).

La positividad del AgHBs debe ser de al menos 6 meses, sin desarrollar anticuerpos anti-HBs protectores. En ambas situaciones tiene una viremia del VHB positiva (DNA-VHB positivo). En la hepa- titis aguda B suelen tener transaminasas elevadas y pueden presentar elevación de enzimas de colostasis e ictericia, mientras en la crónica, pueden tener transaminasas elevadas o normales.

Generalmente los pacientes que son portadores del VHB en fase inactiva, suelen tener transaminasas normales, son AgHBs (+), anti-HBc-IgM negativos, y en la biopsia hepática o Fibroscan (prueba no invasiva, indolora para el paciente, que dura 10 minutos y que calcula el grado de fibrosis sin hacer punción al paciente) con fibrosis hepática baja (score en Fibroscan con < 6 Kilopascales, generalmente).

En otros casos, el paciente tendrá una hepatitis crónica por virus hepatitis B, con elevación de transaminasas, una valor de Fibroscan mayor de 7.5 Kilopascales o bien una biopsia hepática en la escala Metavir

A2 F2 (inflamación histologica y grado de fibrosis significativa). Estos pacientes, generalmente van a tener que ser tratados con antivirales (análogos nucleosides), destacando por su baja o nula tasa de Resistencia, el entecavir a dosis de 0,5 mg/día o Tenofovir 245 mg/día, respectivamente.

Antivirales que se empleaban antes como Lamivudina, adefovir, telbivudina se han dejado de emplear en práctica clínica, por ir presentando una tasa de resistencias antivirales progresivamente mayor conforme el paciente lleva más tiempo con el antiviral, al tener menos potencia antiviral.

Estos pacientes deberán ser vacunados todos de la hepatitis A, deben dejar de consumir alcohol, evitar el sobrepeso, para evitar posibles elevaciones de transaminasas secundaria a una posible esteatohepatitis no alcoholica sobreañadida. Además, todos los convivientes, excluyendo los hijos nacidos a partir de los 90, deberán realizarse estudio serológico (generalmente su conyuge, padres o familiares) pa- ra ver si han pasado la infección por virus B.

En caso contrario, con estudio serológico negative, deberían ser vacunados de la hepatitis B, evitando mientras finaliza este estudio familiar, compartir toallas, cuchillas o máquinas de afeitar, usar el preservativo cuando tenga relaciones sexuales, desde que se tiene conocimiento que es portador del virus B.

Si algún familiar hubiera tenido riesgo alto de contagio por virus hepatitis B, se recomienda que se administre, además de la vacuna de la hepatitis B, la gammaglobulina hiperinmune anti-hepatitis B. Ésto es lo que se hace, con los recién nacidos de mujeres portadoras del virus hepatitis B, además de vacunarlos, debiéndose de administrar en las primeras 12 horas tras el parto.

La incidencia acumulada de cirrosis hepática por VHB oscila entre un 8-20%. El riesgo anual para el desarrollo de hepatocarcinoma es de un 2-4%. El VHB es agente etiológico de hepatocarcinoma en 10-15% en España, a diferencia de los países asiáticos donde es claramente el principal causante (50-80%).

El objetivo del tratamiento es aumentar la supervivencia de estos pacientes, evitando la progresión a cirrosis hepática, evitando el desarrollo de descompensaciones hepaticas (ascitis, hemorragia digestiva variceal, peritonitis bacteriana espontánea), así como reducir el desarrollo de hepatocarcinoma.

Aunque el tratamiento antiviral está basado fundamentalmente en el empleo de análogos, existe un subgrupo de pacientes con hepatitis crónica, especialmente, aquellos que son jóvenes, tiene el antigeno e de la hepatitis B positive (AgHBe +), DNA-VHB elevados y tienen un genotipo A con elevación de transaminasas.

Todos estos tratamientos se consideran coste-efectivos y son de administración en entorno hospitalario, de tal manera, que su dispensación, no estará a tu cargo, sino a cargo del Digestivo que lleve al paciente, por lo que no te computará como gasto farmaceútico del centro de salud.

La hepatitis aguda B sintomática ocurre en el 50% de los casos y el 1% de las formas ictéricas puede desarrollar a hepatitis aguda fulminante. En niños y jóvenes suele ser asintomática. La edad de adquisición es el factor que predice el riesgo de cronicidad. Así, se cronifican el 90% de aquellos recién nacidos que la adquieren en fase perinatal, reduciéndose este riesgo al 30% en el rango de edad entre 1-5 años, y solo del 5% en adultos inmunocompetentes.

La tasa de progresión a cirrosis hepática es distinta, dependiendo de si es un paciente AgHBe (-) o anti-HBe (+), que es la población que solemos tener en España (autoctona), la cual es de un 8-10% annual, mientras que los pacientes inmigrantes, que pueden ser AgHBe(+), procedente del África subsahariana (raza negra) o asiáticos, la tasa de progresión es algo más baja (2-5%).

La replicación viral es el factor predictor de progresión a cirrosis. Este riesgo baja cuando la viremia es inferior a 2000 UI/ml. Si el paciente está descompensado (ascitis, peritonitis bacteriana, hemorragia digestiva variceal), la tasa de supervivencia baja considerablemente y es a los 5 años de tan solo 14-35%, mientras que si el paciente con cirrosis hepática está compensado, su supervivencia es mayor (85%).

Los pacientes con cirrosis hepática por VHB tienen una incidencia annual de hepatocarcinoma comprendida entre 2-5% y una viremia mayor de 2000 UI/ml se ha asociado a mayor riesgo de cáncer hepático.

Normalmente a estos pacientes lo que hay que valorar si tienen elevadas las transaminasas. Un criterio necesario para tratarle es que las tenga elevadas. Se suele calcular el estadio de Child-Pugh, que abarca 5 parámetros (nivel de bilirrubina total, albúmina, tiempo de protrombina o INR, presencia y grado de encefalopatia hepática y presencia de ascitis y cuantía). Los pacientes cirróticos compensados son aquellos con estadio de Child-Pugh A5, y cualquier elevación de letra (B o C) o valor (entre 6-15 puntos), indicará que el paciente se ha descompensado y precisa tratamiento antiviral urgente.

De hecho, ningún paciente con cirrosis hepática descompensada por VHB debería indicarse un trasplante hepático, a menos que lleve una viremia o DNA-VHB negativa o indetectable en suero durante al menos 1 mes, algo que se consigirá con tratamiento antiviral. Los pacientes cirroticos descompensados está contraindicado el empleo de interferón pegilado, de forma que sólo se tratarán con antivirales orales.

Deberemos solicitar siempre AgHBs, anti-HBs, VHC y VIH. En caso de positividad del AgHBs, deberás remitirlo al Digestivo, quien le solicitará el AgHBe, virus hepatitis delta y viremia VHB o DNA-VHB cuantitativo en UI/ml. Le solicitará como prueba de imagen, habitualmente una ecografia de abdomen y un Fibroscan.

En algunos casos, en pacientes obesos, diabéticos que tengan riesgo de tener una esteatohepatitis no alcohólica o tenga ecográfica esteatosis hepática, no será posible someterlos a un Fibroscan, que sólo te permite valorar el grado de fibrosis, por no ser concluyente, al no darte una medida fiable. Otra posibilidad para no poder fiarse del resultado del Fibroscan para valorar el grado de fibrosis hepática, es que el espacio intercostal derecho, donde se coloca el transductor del Fibroscan, sea estrecho y no sea concluyente su resultado.

En todos estos casos, o en situaciones en la que tenga un Fibroscan con un valor intermedio, comprendido entre 7 y 9 Kilopascales (la llamada zona gris), será recomendable someter al paciente a una biopsia hepática percutánea, que no sólo nos permitirá valorar el grado de fibrosis, que es lo único que nos puede facilitar el Fibroscan, sino además valorar el grado de inflamación histológica, y descartar otras etiologías subyacentes, especialmente en pacientes con ANA (+) que podrían tener una hepatitis autoinmune, patrón bioquímico de colostasis (descartar enfermedades colostásicas asociadas) o hemocromatosis o enfermedad de Wilson.

Los objetivos a alcanzar durante el tratamiento son:

- El objetivo ideal es la pérdida persistente de HBsAg con o sin aparición de anti-HBs. Ello comporta la remisión de la actividad de la enfermedad y mejora el pronóstico a largo plazo.
- En pacientes HBeAg positivo la seroconversión persistente a anti-HBe es un objetivo satisfactorio.
- En pacientes HBeAg positivo en los que no se consigue la seroconversión y en los HBeAg negativo el objetivo es mantener niveles indetectables de ADN-VHB.

En pacientes con cirrosis compensada se puede considerar el tratamiento si el ADN-VHB es detectable pero inferior a 2.000 U/ml. En los pacientes con cirrosis descompensada es necesario un tratamiento antiviral que asegure una rápida e intensa supresión de la replicación viral y deben ser tratados independientemente de los valores de ADN-VHB y de ALT.

En los pacientes tratados con análogos de nucleós(t)ido se deben determinar cada 3 o 6 meses el nivel de creatinina y el filtrado glomerular estimado. En pacientes tratados con TDF se recomienda valorar la función tubular renal. En caso de deterioro renal se debe ajustar la dosis de los fármacos de forma adecuada.

La mayoría (95%) de las hepatitis agudas B en adultos inmunocompetentes se resuelven espontáneamente por lo que no existe indicación de tratamiento. Sin embargo, en los casos de hepatitis aguda de curso grave se debe indicar tratamiento antiviral. Entecavir y Tenofovir constituyen las mejores alternativas por su potencia y elevada barrera genética, especialmente si se considera la opción del trasplante.

En cuanto al embarazo podemos decir que Telbivudina y Tenofovir (los 2 que empiezan por T) se consideran fármacos de categoría B, que indica que existen datos preclínicos de seguridad e información limitada en humanos, mientras que Entecavir, Lamivudina y Adefovir se incluyen en la categoría C, es decir, sin información concluyente de seguridad en modelos animales y seres humanos.

En todos los recién nacidos está indicada la inmunoprofilaxis activa y pasiva con vacuna y gammaglobulina específica, respectivamente. Datos recientes, sin embargo, apoyan el uso concomitante de análogos de categoría B (Telbivudina y Tenofovir) a partir de la semana 26-28 de gestación para prevenir la transmisión, especialmente en pacientes con valores elevados de carga viral (10^6-10^7 U/ml).

Los pacientes en hemodiálisis deben tratarse con análogos de nucleós(t)ido de alta barrera genética ajustando la dosis según el aclaramiento de creatinina. En pacientes sin resistencia a lamivudina el entecavir constituye la primera elección.

En pacientes con datos de infección pasada del VHB (AgBs – y anti-HBc-IgG + y DNA-VHB indetectable), que vayan a recibir tratamiento quimioterápico, especialmente en cáncer de mama o bien linfomas no Hodking, que vayan a ser tratados con trasplante de células hematopoyéticas y terapias basadas en Rituximab con/sin esteroides, deberá hacerse monitorización del AgHBs y DNA-VHB ante el riesgo potencial de reactivación viral.

Por ello, antes de recibir tratamiento quimioterápico, debe hacerse cribado de infección por virus hepatitis B y sobre todo si recibe tratamiento biologico como el Rituximab. Si se detectara infección oculta con viremia detectable o reaparición de AgHBs, antes negative, se debería iniciar tratamiento antiviral y mantenerlo entre 6-12 meses después de finalizar el tratamiento quimioterápico o Rituximab. En todo paciente que no haya pasado la infección por VHB (serología negative) es recomendable vacunarlo antes de iniciar cualquier situación que lo pueda llevar a inmunodepresión, intentando que el título de anti-HBs protector esté entre 10-100 UI/ml.

La hepatitis C afecta a 180 millones de personas en todo el mundo y todos los años mueren 350.000 personas. La prevalencia en España podría estar en torno al 2,5%. Se estima que en España puede haber infectados cerca de 1 millón de personas por el virus de la hepatitis C (VHC). Existen 7 genotipos (del 1 al 7), y varios subtipos (1a o 1b, por ejemplo). En España el genotipo más frecuente es el 1 (aproximadamente un 65%, siendo el más frecuente el 1b). Otro genotipo importante es el 3, que era habitual de los pacientes con VHC adquirido por consumo de drogas por vía parenteral (20%). El genotipo 4 está aumentando, por la influencia de la inmigración.

En España, la población inmigrante puede estar en torno a 5 millones de personas, destacando como países los rumanos (cerca de 800.000), marroquies (en torno a 750.000), ingleses (algo más de 300.000) y ecuatorianos y colombianos (ambos cerca de medio millón de personas).

El rango de edad con mayor riesgo de haber adquirido la infección estriba entre los 45 y 65 años, por lo que en ella, es donde deberíamos centrar el cribado, especialmente en aquellos que consumieron drogas por vía parenteral o inhalada, recibieron inyecciones intramusculares con jeringas de cristal hervidas por el DUE de la época, transfusiones de sangre y hemoderivados antes del 92, hemofílicos, pacientes con insuficiencia renal crónica sometidos a hemodiálisis, extracciones dentarias en se rango de edad, pacientes promiscuos sexualmente, que practican el sexo anal o relaciones en periodo menstrual, prostitutas, inmigrantes, enfermos psiquiátricos (psicosis), antecedente de violación en juventud o violencia de genero, presos o que hayan estado ingresado en instituciones penitenciarias, profesión marinero con viajes de zonas tropicales, pilotos de aviación, tatuajes o piercing, hijos de madres fallecidas por problemas de hígado o hepatitis C conocida, trabajadores sanitarios, alcohólicos.

Por ello, se estima que tenemos infradiagnosticados a los pacientes con hepatitis C: se estima que sólo hemos diagnosticado a sólo un 40% de los infectados.

De hecho, la hepatitis C puede debutar como manifestaciones extrahepáticas, sin elevarse las transaminasas, y debutar como una diabetes mellitus, depression, síndrome de fatiga crónica, insuficiencia renal (glomerulonefritis y crioglobulinemia mixta esencial), así como aumenta el riesgo de desarrollar linfoma no Hodking de células B, enfermedades tiroideas (tiroiditis), enfermedades articulares con factor reumatoide positivo, neuropáticas o púrpura en miembros inferiores (típica de la crioglobulinemia mixta esencial).

Además se ha observado que los pacientes con infección crónica por VHC tienen mayor riesgo de accidentes cerebrovasculares e infartos de miocardio, al asociarse a una mayor progresión de la arterosclerosis sistémica.

Por eso, debería realizarse cribado de VHB, VHC y VIH en pacientes que puedan pertenecer a estos colectivos de riesgo. No estaría mal que como médico de cabecera te implicaras, para favorecer el cribado de estas infecciones con alta morbimortalidad futura, visitando a los CPD (Centro Provincial de Drogodependencia), Asociación de alcohólicos anónimos, incrementar el cribado en pacientes que tengan tatuajes y pierc- ing realizados en centros no autorizados, asociación de inmigrantes y refugiados politicos, prostíbulos, Cáritas (alta incidencia de población inmigrante), centros de Salud Mental y centros penitenciarios.

Aproximadamente un 20-30% de los pacientes con hepatitis aguda por VHC presentan un aclaramiento viral espontáneo, es decir, van a eliminar el virus ellos sólo, sin precisar ningún tratamiento antiviral, generalmente son pacientes con un genotipo genetico especial (presencia de genotipo CC), de forma que no llega a cronificar la infección. Sin embargo, el resto sí crónifica, de hecho, un 16% de los infectados por VHC pueden llegar a desarrollar una cirrosis hepática a los 20 años, sobre todo si además el paciente tenía enolismo activo.

En pacientes cirróticos infectados por VHC, el riesgo de desarrollar un hepatocarcinoma es de 1,1% al año, un 1,9% a los 3 años y de 5% a los 5 años. Para su diagnostico en Primaria, simplemente en estos colectivos de riesgo, deberemos solicitar la serologia del VHC (anti-VHC), que simplemente indicará que el paciente ha tenido contacto con el VHC, pero no indica que si tiene infección activa (viremia o RNA-VHC detectable) o tuvo un aclaramiento viral espontáneo o curación virológica sin necesidad de terapia antiviral (AVE), en el que cuando lo remites al Digestivo, que es lo que tienes que hacer siempre que la serologia sea positiva para VHC, te va indicar éste que la viremia es negativa o indetectable y no precisa de terapia antiviral.

Si ocurre esta última opción, antes de darle de alta le hará una ecografía abdomen para descartar que no haya signos de hepatopatia crónica (contornos abollonados, hipertrofia del lobulo caudado con hepatomegalia, signos de hipertensión portal con vena porta mayor de 12 milimetros con/sin esplenomegalia, que es aumento del tamaño del bazo, por encima de 12.5 cm) y le someterá antes de darle el alta a un Fibroscan, para confirmar que el paciente no tiene un grado de fibrosis hepática significativa (F3 o F4), es decir, con un score en el fibroscan mayor o igual a 9,5 Kilopascales.

En ese caso, aunque haya presentado dicho paciente una curación virológica espontánea del virus, habrá quedado dañado por el virus, y precisará seguir sometido a cribado de lesiones ocupantes de espacio (LOE), al tener un riesgo incrementado de desarrollar un hepatocarcinoma, de ahí que tenga que someterlo a ecografías de abdomen semestrales de forma indefinida. Esto no suele ocurrir en los pacientes con aclaramiento viral espontáneo, que como mucho pueden tener un F1-F2 (score en Fibroscan no suele sobrepasar de 7 de Kilopascales).

Antes del 2015 sólo disponíamos de terapias antivirales basadas en interferón pegilado + ribavirina, única combinación disponible has- ta el 2011. A partir de entonces, surgieron la primera generación de antivirales de acción directa (AAD), que sólo eran útiles en los pacientes infectados por VHC genotipo 1, y tenían que asociarse uno de estos antivirales (Boceprevir o Telaprevir), que era inhibidores de la proteasa, necesariamente a la combinación antigua (interferón pegilado + ribavirina), ya que por sí mismo en monoterapia eran insuficientes para curar a los pacientes con genotipo 1.

Además, tenían la desventajas es que fueron empleados fundamentalmente en los pacientes con mayor daño hepático (F4 o cirróticos o F3 o precirroticos), que era efectivamente el colectivo de pacientes que tenían más urgencia para ser tratados, ante el riesgo potencial de descompensación hepática, necesidad de un trasplante hepático o el potencial desarrollo a corto plazo de hepatocarcinoma, y como tenían un importante coste, existieron restricciones de indicación de estas combinaciones en los colectivos de pacientes donde se podia recortar la duración del tratamiento y donde las tasas de curación eran mejores con mejor tolerancia a los efectos secundarios.

De hecho, en los pacientes cirróticos, que fueron los que se trataron más con esta triple terapia basada en interferón, no se beneficiaron de reducciones de la duración (tenían que estar con interferón pegilado y ribavirina durante muchos meses), sometidos a graves efectos adversos (anemia severa que obligaba al empleo de eritropoyetina, hierro oral, incluso transfusiones), algunos desarrollaban infecciones graves como neumonías, de forma que lo pasaban fatal para poderse curar, alcanzando en este colectivo tasas de curación probablemente inferiores a los ensayos terapeúticos que ofertaba la industria.

De hecho, se concluyó que en pacientes descompensados y cirróticos, con la llegada de los nuevos AAD, consideraron contraindicados el empleo de terapias antivirales basadas en interferón, ya que sometían a los pacientes a riesgos innecesarios, que era mejor evitar con el empleo de los nuevos AAD.

A partir de marzo del 2015, tras publicarse el Plan Estratégico para el abordaje de la hepatitis C en el Sistema Nacional de Salud, que puedes encontrar en la página web que a continuación te facilito: (http://static.diariomedico.com/docs/2015/02/25/borrador-planestrategicohepatitisc.pdf, podrás valorarlo detenidamente, momento en se autoriza el empleo de diferentes combinaciones de los nuevos AAD, para tratar los diferentes genotipos del VHC.

Los grupos de pacientes prioritarios para el tratamiento con antivirales orales de acción directa incluyen:

- Pacientes con una fibrosis hepática avanzada (F2-F4), independientemente de la existencia o no de complicaciones previas de la hepatopatía.
- Pacientes en lista de espera de trasplante hepático.
- Pacientes trasplantados hepáticos con recidiva de la infección en el injerto hepático, independientemente de la existencia o no de complicaciones y del estadio de fibrosis.
- Pacientes que no han respondido a triple terapia con inhibidores de la proteasa de primera generación (Boceprevir o Telaprevir).

- Pacientes trasplantados no hepáticos (trasplantado renales o de medula ósea) con una hepatitis C, independiente del estadio de fibrosis hepática.

- Pacientes con hepatitis C con manifestaciones extrahepáticas clínicamente relevantes del VHC (crioglobulinemia mixta esencial, linfoma no Hodking de células B, insuficiencia renal crónica, diabetes mellitus o Resistencia insulínica (HOMA > 3) independiente del estadio de fibrosis hepática.

- En cualquier caso y con independencia del grado de fibrosis se debe indicar tratamiento en pacientes con riesgo elevado de trasmisión de la infección y en Mujeres en edad fértil con deseo de embarazo.

Recientemente la Asociación Española para el estudio del Hígado y la Sociedad Española de Enfermedades Infecciosas y Microbiología Clínica (SEIMC- AEEH), ha publicado el III Consenso Español sobre tratamiento de la hepatitis C, documento que puedes acceder si picas en la página web siguiente: file:///C:/Documents%20and%20Settings/Administrador/Escritorio/Mi crosoft%20Word%20-%20Documento%20del%20II%20Consenso%20espanol%20so%20bre%20tratamiento%20de%20la%20hepatitis%20C.doc.pdf,

Documento que abarca la última actualización sobre las novedades terapeúticas y diagnósticas aceptadas en hepatitis C.

Hay que tener en cuenta que las nuevas combinaciones antivirales con AAD, son terapias antivirales con una eficacia en torno al 90- 96%, a diferencia de la que había con las terapias basadas con interferón (1º generación de inhibidores de proteasa, como Boceprevir o Telaprevir, que podia estar en torno a 60-70%), o comparada con la biterapia con interferón pegilado + ribavirina, que podia ser entre un 35-45%, sus tasas de curación, dependiendo del grado de fibrosis del paciente que trataras.

Además, tienen escasos efectos secundarios (insomnia, astenia leve, diarrea, estreñimiento, cefalea), muy lejos del padecimiento de los pacientes que eran tratados con interferón pegilado (fiebre, anorexia, perdida de peso, insomnia, trastornos del tiroides, desprendimiento de retina, anemia que podia precisar de transfusiones o empleo de eritropoyetina, abstinencia laboral, etc). Son además terapias de duración mucho más corta, que puede oscilar entre 8-12 semanas, y excepcionalmente llegar a las 24 semanas, lo que contrasta con las 48 semanas de los regimenes basados en interferón, especialmente en cirróticos.

Además, muchas de ellas obvian el empleo de ribavirina (genotipo 1b del VHC en algunas combinaciones, por ejemplo), lo que la tasa de anemia es nula, y es muy útil en pacientes con insuficiencia renal crónica, donde tenías que ajustar la dosis de ribavirina si la combinación te lo exigía.

Sin embargo, tienen varios handicap. Al ser combinaciones con farmacos orales, de metabolism hepático, pueden tener interacciones con otros fármacos, y éste es un tema que debe tenerse en cuenta, sobre todo en paciente multimedicados, de ahí, que sea fundamental, que el paciente siempre consulte con su hepatólogo, antes de iniciar cualquier tratamiento nuevo desde primaria, pues podría bajar la efectividad del tratamiento antiviral, al bajar los niveles plasmáticos del antiviral o bien, éste podría producir elevación o reducción de los niveles plasmáticos de los otros fármacos que habitualmente toma el paciente, y que pueden llevar a consecuencias graves, tales como arritmias cardiacas graves, sobredosificación del sintrom o anti- coagulants, con el consiguiente riesgo potencial de desarrollar hematomas cerebrales, aumento de los efectos secundarios en pacientes renales, etc.

Por ello, en caso de que uno de tus pacientes comience tratamiento antiviral con AAD, es recomendable consultarle antes al Hepatólogo, por si existe interacción relevante o no, o puede tomarse, simplemente con un ajuste de la dosis del fármaco habitual.

En otros casos, si la medicación crónica que recibe el paciente es estrictamente necesaria tomarla y tiene una interacción grave con una combinación de AAD, como normalmente existen, otras combinaciones de AAD disponibles alternativas, se utilizará la que menos repercuta cambios terapeúticos en pacientes polimedicados.

Te facilito como médico de cabecera, una página web, que podrá servirte de ayuda, para poder consultar si algún fármaco nuevo que tengas que poner durante las 8-12 semanas que va a durar el tratamiento antiviral es necesario y puedas comprobar que no existen interacciones relevantes con él: http://www.hep-druginteractions.org/checker.

En ella, en la columna de la izquierda podrás poner el antiviral que está tomando tu paciente, y en la columna central podrás especificar el medicamento que deseas poner nuevo a tu pacientes con hepatitis C que está tratandose con esos antivirales. Una vez especificados esos medicamentos, en la columna de la izquierda te indicará uno por uno si existe interacción, si es relevante o no.

Si aparece en verde es que no es relevante. Si es naranja es que debes hacer un reajuste del fármaco que quieres introducir (bajar la dosis generalmente o subirla en algunos casos; y si es roja, mejor no lo pongas o busca otra alternative, pues está contraindicado, al menos mientras dure la administración de estos antivirales.

Hoy en día, para saber si un paciente se ha curado, simplemente solicitamos a los 3 meses la carga viral o viremia del VHC y si es negativa o indetectable por debajo del umbral de detección, diremos que el paciente ha alcanzado la curación virológica o respuesta virológica sostenida (RVS12).

No obstante, no es de extrañar que el hepatólogo realice una nueva carga viral a las 24 semanas (6 meses) de haber finalizado la terapia antiviral para confirmar que se ha curado la infección viral.

Los pacientes que tengan hipertensión portal en la ecografia abdomen, se deberá sometar a una endoscopia oral que solicitará digestivo para descartar la existencia de varices esofago-gastricas, su tamaño y si tienen puntos rojos.

Si son pequeñas, pero con puntos rojo o son grandes, el paciente deberá iniciar tratamiento profiláctico de rotura de varices esofagogastricas con tratamiento betabloqueante (Propanolol 40 mg cada 12 horas, Carvedilol 6,25 mg/12 horas o Nadolol 20 mg/12 horas), intentando que su frecuencia cardiaca esté en torno de 55 latidos por minuto y no tenga hipotensión sintomática.

Los pacientes con fibrosis avanzada (F3-4) o cirrosis compensada (F4), la obtención de la respuesta virológica sostenida con los tratamientos antivirales reduce, pero no elimina el riesgo de desarrollo de hepatocarcinoma.

Ello explica que estos pacientes, pese a que hayan sido curados de su hepatitis C, no puedan ser dados de alta por Digestivo, pues tendrán que seguirse semestralmente con controles ecográficos semestrales de forma indefinida.

La curación de la infección por VHC en pacientes que estaban en lista de espera para un trasplante hepático y, además tenían un MELD inferior a 18, en torno a un 20% pueden salir de la lista de espera, al permitirle llegar a una situación de compensación hepática que no tenían.

Generalmente, aquellos pacientes de éstos, que tienen un MELD elevado mayor de 18 puntos, no pueden evitar en su mayoría el tener que someterse a un trasplante hepático para poder sobrevivir, de lo contrario, lo normal es que mueran en la lista de espera.

Así, por genotipos virales, pasamos a comentar las combinaciones con AAD actualmente aceptadas:

Genotipo 1:
a) Simeprevir (Olysio) + Sofosbuvir (Solvaldi) (coste 13.400 €). Se toman 1 pastilla diaria de cada medicamento durante 12 semanas. Destacamos los estudios COSMO (tasas de RVS del 95%); estudio Cohorte española (RVS 94%); estudio Optimist-1 (RVS 97-85%); estudio Optimist-2 (RVS 88-79%). Esta combinación no es recomendable en pacientes cirróticos, especialmente como sean 1a.

b) Sofosbuvir + Ledispavir (Harvoni): coste 14.800 €. Se toman 1 pastilla diaria (en la misma pastille vienen los 2 fármacos). Destacamos los siguientes estudios: ION-2 (RVS 97-100%) y en cirróticos algo más bajo (RVS 85%); En no cirróticos, previamente no tratados y con viremia menor de 6 millones de UI/ml con solo 8 semanas, RVS 97%.

c) Ombitasvir/Paritaprevir/Ritonavir (Viekirak, con 3 fármacos en una sóla pastilla) + Dasabuvir (Exviera). Viekirak se toman 2 pastillas juntas por la mañana, mientras que Exviera se toma 1 pastilla cada 12 horas. Coste: 12950 €. Tasas RVS 96%. Puede precisar ribavirina solo en genotipo 1a y la duración puede ser de 12 o 24 semanas, dependiendo del grado de fibro- sis y genotipo viral. Estudio PEARL I con tasas de RVS entre 90-96%.

d) Sofosbuvir (Sovaldi) + Daclatasvir (Daklinza): 1 pastilla diaria de cada fármaco durante 12 o 24 semanas. Coste: 23.700 €. RVS 82-96%.

e) Grazoprevir / Elbasvir (esperando autorización de las agencias reguladoras para poder ser comercializado en España, pero ya aceptado en las guías americanas su empleo). Estudio C-WORTHY (RVS 80-98%); estudio C-EDGE (RVS 92-

99%); estudio C-SALVAGE (RVS 96%); La FDA lo ha autorizado para genotipo 1b y genotipo 1a que no tenga resistencias para NS5A durante 12 semanas y si el 1a las tuviera, tendría que incrementarse a 16 semanas (1 mes más).

f) Velpatasvir/Sofosbuvir (esperando también autorización y precio por parte de las agencias reguladoras): estudio ASTRAL-1 (RVS 99%).

En genotipo 2, que es un variante teóricamente más fácil de curar, tendremos las siguientes combinaciones con AAD:

a) Sofosbuvir (Sovaldi) + Ribavirina: coste 13.400 €. Un comprimido de sovaldi diario y la ribavirina entre 5-6 comprimidos al día. Destacamos los estudios FISSION con tasas de curación o RVS 97% con 12 semanas. Estudio Valence (RVS 93%). En cirrosis RVS 82%. Estudio TARGET, las tasas RVS fueron 77-85%.

b) Sofosbuvir (Sovaldi 1 comprimido al día) + Interferón pegilado subcutáneo semanal + Ribavirina (5-6 comprimidos al día según peso). Coste: 16000 €. Destacamos estudio LONESTAR-2 con

RVS 95%; estudio BOSON con tasas RVS 94% con 12 semanas y 100% con 24 semanas y 87% con 16 semanas.

c) Sofosbuvir/Velpatasvir (pendiente de autorización y precio por la Agencia reguladora). Destacamos el estudio ASTRAL-2 con RVS (94-99%).

En genotipo 3, que es la variante de virus con la que se ha conseguido peores resultados con AAD tenemos las siguientes combinaciones terapeúticas:

a) Sofosbuvir (Sovaldi 1 comprimido al dia) + Daclatasvir (Daklinza 1 comprimido al dia) durante 12-16 semanas. Coste: 23.700 €. Destacamos el estudio ALLY-3 con tasas de RVS en no cirróticos (94-97%) y en cirróticos más bajas (58-69%); estudio ALLY-3+ , en el que añadieron además la ribavirina, las tasas fueron algo mejores (RVS 83-89%); programa de uso compasivo europeo de Daklinza (RVS 87%); en estudio compasivo francés de Daklinza, en cirróticos Child A (RVS 85-90%) y si era Child B o C (RVS 70%).

b) Sofosbuvir/Velpatasvir (pendiente de autorización y establecer precio por las Agencias reguladoras). Duración 12-24 semanas, tasas RVS 95%.

c) Sofosbuvir (Sovaldi 1 comprimido al día) + Grazoprevir/Elbasvir (pendiente de autorización y establecer precio por las Agencias reguladoras). Destacamos el estudio en fase II C-SWIFT, con tasas de RVS 91-100%, dependiendo de duración (8-12 semanas) y si era cirrótico o no.

En los pacientes con genotipo 4, a continuación exponemos las combinaciones autorizadas o en prevision de que lo sean siguiendo el documento aprobado en el III Consenso:

a) Paritaprevir/ritonavir + Ombitasvir (Viekirak 2 comprimidos juntos diarios, que incluye los 3 fármacos a la vez) + Ribavirina 5-6 comprimidos al día durante 12 semanas. A diferencia con el genotipo 1, esta combinación que ya no tiene Exviera (Dasabuvir) y que también es conocida como COMBO 3D de Abbvie, ésta no precisa Exviera (Dasabuvir) y por ello, se conoce en genotipo 4 como COMBO 2D de Abbvie. Coste: 12.000 €.

Destacamos el estudio PEARL-I, con RVS 100% con 12 semanas de terapia; estudio AGATE-1, con tasas RVS de 96-100%, dependiendo respectivamente se trataran durante 12 o 16 semanas, respectivamente; estudio AGATE-II con RVS 94-97%, incluyendo cirróticos durante 24 semanas.

a) Sofosbuvir /Ledispavir (Harvoni 1 comprimido al día, que contiene los 2 fármacos). Coste: 14.800 €. Destacamos el estudio SYNERGY con 12 semanas con RVS del 95%; estudio ION-4 en coinfectados VIH, con tasas de curación 100%.

b) Grazoprevir/Elbasvir (pendiente de autorización por Agencias reguladoras y establecer precio). Destacamos estudio C-EDGE TN, con tasas de curación o RVS del 100% con 12 semanas de terapia. Con ribavirina se obtienen mejores resultados y cuando se extiende la duración a 16 semanas; en el estudio C-EDGE CO-INFECTION en coinfectados con VIH, con tasas de RVS del 96%.

c) Sofosbuvir/Velpatasvir (pendiente de aprobación y coste por las Agencias reguladoras). Destacamos el estudio ASTRAL-1 con tasas de curación del 100%; en estudio ASTRAL-4 con cirróticos genotipo 4 alcanzarón unas RVS 100%.

En genotipos 5 y 6 destacamos las siguientes combinaciones:

a) Sofosbuvir + Ledispavir (Harvoni 1 comprimido al día) durante 12 semanas. Coste: 14800 €. Estudio francés con genotipo 5 con tasas de RVS del 95%. En el estudio ELECTRON-2 en genotipo 6 con tasas de RVS de un 96%.
b) Sofosbuvir/Velpatasvir (pendiente de aprobación por agencias reguladoras). Destacamos estudio ASTRAL-1 con tasas de curación en genotipo 5 del 97% y genotipo 6 del 100%.

Es importante que existen enfermedades o manifestaciones extrahepáticas relacionadas por el VHC y que es importante que un médico de cabecera pueden ser producidas por él. Destacamos:
- Diabetes mellitus.
- Resistencia insulínica.
- Síndrome de fatiga crónica.
- Síndrome depresivo.
- Artritis no erosive; artralgias.
- Neuropatía periférica.

- Crioglobulinemia mixta esencial.
- Linfoma no Hodking de células B.
- Enfermedades tiroideas.
- Insuficiencia renal crónica, proteinuria.
- Factor reumatoide (+).
- Anticuerpos antinuclear (+).
- Accidentes cerebrovasculares (AVC).
- Cardiopatía isquémica.
- Ateromatosis carotídea.

Por ello, deberías hacer cribado de infección del VHC cuando tengas un paciente con hipertransaminasemia y alguna de estas patologías o signos.

La crioglobulinemia mixta con manifestaciones extrahepáticas de vasculitis asociada a infección crónica por VHC es indicación de instaurar tratamiento antiviral libre de Interferón, que puede asociarse o añadirse a tratamiento de depleción de células B monoclonales si la gravedad de las manifestaciones lo requiere.

El linfoma no Hodgkin de células B asociado a infección crónica por VHC es indicación de tratamiento antiviral libre de Interferón, de acuerdo con las indicaciones generales de este documento. Estos enfermos deben ser tratados de forma coordinada por hepatólogos y oncohematólogos. Los enfermos con resistencia a la insulina o con diabetes mellitus de tipo 2 deben ser priorizados para recibir tratamiento antiviral porque la RVS mejora el trastorno metabólico y reduce el riesgo cardiovascular. Otras manifestaciones extrahepáticas asociadas a la infección por VHC pueden mejorar si se obtiene RVS, pero la evidencia disponible con los nuevos agentes antivirales directos no es suficiente por el momento para priorizar el tratamiento de forma general.

Actualmente están empezando a presentar fracasos terapeúticos con las nuevas combinaciones antivirales basada en AAD orales, debido a que algunos pacientes presentan una selección de variantes resistentes que son las responsables del fracaso terapeútico. Disponemos actualmente de centros de referencias, donde podemos solicitar estudios de resistencias basales en pacientes cirróticos la que vayan a ser tratados con combinaciones basadas en Simeprevir o cuando se vayan a tratar basalmente pacientes con la combinación Grazoprevir/Elbasvir.

Como puedes ver la variedad de nuevos fármacos es amplia y ha dejado muy atrás la era del interferón, salvo para el genotipo

3. Debes conocer que todos estos fármacos antivirales se pueden clasificar en 3 tipos distintos fundamentalmente:

a) Los llamados IP o inhibidores de proteasa NS3A/NS4: bloquean el procesado de la poliproteína viral. Entre ellos tenemos, 2 antivirales que ya no se utilizan (Telaprevir y Boceprevir, que eran inhibidores de la proteasa de primera generación); y otros 2 que sí empleamos en España (Simeprevir o Paritaprevir). Terminan en "previr".

b) Inhibidores de la NS5A: bloquean el complejo de replicación del virus. Tenemos los siguientes: Daclatasvir, Ledipasvir, Ombitasvir, Elbasvir, Velpatasvir. Son los que generan mayor tasa de resistencias, al tener una baja barrera genetica. Terminan en "asvir".

c) Inhibidores de la NS5B: inhibiendo la replicación del virus, bloqueando la polimerasa. En este colectivo está el Sofosbuvir (Sovaldi) y Dasabuvir (Exviera). Terminan en "buvir".

Desde el punto de vista epidemiológico, debes saber que el VHC se transmite sólo por sangre. No hay que limitar a las parejas que tenga relaciones sexuales, pues el riesgo de transmisión con pareja estable es mínimo, salvo que tengan relaciones sexuales por via anal o en periodo menstrual. Si se hiciera un corte debe tomarse medidas de evitar contacto, y no compartir con utensilios cortantes como cuchillas, maquinillas de afeitar, etc.

Los pacientes con hepatitis crónica por VHC si son menores de 40 años es recomendable que sean vacunados tanto de la hepatitis B como A, siempre que tenga serología VHB negativa:

1. **Vacunar Virus hepatitis A:** 2 dosis a los 0 y 6 meses (Havrix ^{R} o Vaqta ^{R}).
2. **Vacunar Virus hepatitis B:**
   a. Vacunar VHB a dosis doble (3 dosis 40 microgramos/ml de Recombivax ^{R} a los 0, 1 y 6 meses) o bien emplear (2 dosis juntas de 20 microgramos/ml de Engerix-B ^{R} en ambos deltoides administradas los meses 0, 1, 2 y 6 meses). Determinar títulos de Anti-HBs a los 2 meses de finalizar 2º ciclo.
   b. Si los títulos anti-HBs < 10 mIU/ml a los 2 meses de finalizar el 1º ciclo de vacunación, se podrá revacunar a las dosis anteriores.

Si el paciente tiene más de 40 años, lo recomendable va a ser vacunarlo, en caso de que tenga una serología por VHB negative, de la vacuna de la hepatitis B (0-1-6 meses).

Capítulo 14: Esteatohepatitis no alcohólica

La prevalencia de Enfermedad Hepática por Depósito de Grasa en España es del 26%, siendo los pacientes mayores de 45 años los que tienen más probabilidad de desarrollar esta enfermedad. Aproximadamente 9 millones de pacientes están afectados por la enfermedad.

Entre el 30-40% de los pacientes con esteatosis desarrollará Esteatohepatitis No Alcohólica, que evolucionará en el 20% de los casos a fibrosis y cirrosis. Se estima que el 30-40% de los pacientes fallecerá tras un fallo hepático, por descompensación o Carcinoma Hepatocelular, en un periodo de 10 años.

La medida más efectiva en el manejo de la Enfermedad Hepática por Depósito de Grasa es la pérdida de peso corporal. La prevalencia de la enfermedad es significativamente superior en hombres (34,2%) respecto a mujeres (21,0%).

Habitualmente estos pacientes pueden tener antecedentes de diabetes mellitus, hipertensión, dislipemia, obesidad o sobrepeso, cardiopatía isquémico, y se trata de paciente polimedicados. Suelen tener elevada la GGT y ocasionalmente se encuentra añadida la elevación de transaminasas. La ecografía abdomen es sensible para detectar el típico aumento de la ecogenicidad que tienen estos paciente. Aproximadamente entre un 20-40% de la población pueden tener esteatosis hepática. Entre un 12-40% pueden evolucionar a una esteatohepatitis no alcoholic. Entre un 15-33% de estos pacientes pueden terminar desarrollando una cirrosis hepática. Un 12-27% podrían terminar desarrollando un hepatocarcinoma.

Existen una serie de fármacos que pueden generar esteatosis hepática, entre los que destacamos: amiodarona, nicardipino, valproico, aminosalicilatos, diltiazem, nifedipino, vitamina A, cocaine, espironolactona, metrotexate, tamoxifeno, esteroides, estrógenos, naproxeno, sulfasalazina, tetraciclina.

También puede evidenciarse en enfermedad inflamatoria intestinal, diverticulosis intestinal, VIH, by pass intestinal, cuando un paciente recibe nutrición parenteral total, por ejemplo tras una pancreatitis aguda grave, si existe una pérdida de peso brusca, enfermedad celiaca, enfermedad de Wilson, deficit de alfa-1-antitripsina, etc.

Deberemos valorar si nuestro paciente tiene un síndrome metabolico, para ello se emplearán los siguientes criterios de la Joint Interim Statement of the International Diabetes Federation Task Force on Epidemiology and Prevention; National Heart, Lung, and Blood Institute; American Heart Association; World Heart Federation; International Atherosclerosis Society; and International Association for the Study of Obesity. Entre ellos tenemos:

- Obesidad central, definida en función del grupo étnico (cintura abdominal > 94 cm para varones y > 80 cm para mujeres de origen europeo.
- Triglicéridos elevados (de al menos 150 mg/dl) o tratamiento específico para esta anomalía lipídica.
- Colesterol HDL bajo (inferior a 40 mg/dl en varones e inferior a 50 mg/dl en mujeres), o tratamiento específico para esta anomalía lipídica.
- Presión arterial elevada: sistólica de al menos 130 mmHg, diastólica de al menos 85 mmHg o tratamiento antihipertensivo en pacientes previamente diagnosticados.
- Glucemia plasmática en ayunas elevada (de al menos 100 mg/dl) o diabetes mellitus tipo 2 previamente diagnosticada).

Entre los factores clínicos que se asocian a progresión de la enfermedad se encuentran: edad > 50 anos, GPT > x 2, GOT > GPT, triglicéridos > 1,7 mmol, hipertensión arterial, Resistencia insulínica marcada, obesidad central, índice de masa corporal > 31 y/o diabetes mellitus tipo II.

Además de indicar al paciente que haga una dieta baja en grasas, con objeto de perder al menos un 10% de su peso basal, con ejercicio físico a diario o al menos 3 veces en semana, se pueden emplear los siguientes fármacos para la esteatohepatitis no alcoholica:

- Aumentar la ingesta de acidos grasos omega-3 (pescado azul): atún, caballa, sardinas, pez espada, etc.
- Acido ursodesoxicólico puede mejorar la bioquimica hepática, pero no mejora histológicamente.
- Legasil 1 comprimido cada 12 horas.
- Vitamina E: 800 U/dia mejoró la esteatosis hepática
- Pioglitazona: mejoró la esteatosis, sin mejorar la fibrosis hepática, con mejoría de la bioquímica hepática. Tratamientos de duración mayor de 2 años puede asociarse a ganancia de peso, incremento de fracturas óseas en mujeres y de forma infrecuente el desarrollo de insuficiencia cardiaca congestiva. Se podría emplear en esteatohepatitis no alcoholica con diabetes mellitus tipo 2.

- Ácido obeticólico: mejora la Resistencia insulínica en la diabetes mellitus tipo 2. Genera una mejoría histological. Tiene como efecto secundario que puede elevar los niveles plasmáticos de LDL-colesterol y puede aparecer prurito.

- Estatinas: puede reducir las transaminasas, sin incrementar el riesgo de hepatotoxicidad.

Capítulo 15: Cirrosis hepática y descompensaciones

La cirrosis hepática es una enfermedad hepática crónica, que se produce como consecuencia de una inflamación crónica del parénquima hepático de años de evolución, que lleva al hígado al desarrollo de una fibrosis hepática progresiva (cicatrices), que si no se trata el agente/s etiológicos causante, puede llevar al paciente a descompensaciones hepáticas graves futuras, que generan un impacto sanitario de primer nivel, con potencial elevada morbi-mortalidad, entre las que destacamos la ascitis, peritonitis bacteriana espontánea, síndrome hepatorrenal, hidrotórax, encefalopatía hepática, hipertensión portal (hemorragia digestiva alta secundaria a rotura de varices esófago-gástricas), necesidad de un trasplante hepático, siempre que no haya contraindicaciones absolutas, así como el riesgo potencial de desarrollar un tumor primario de hígado (hepatocarcinoma).

Entre las etiologías más frecuentes tenemos: hepatitis virales (B o C), alcohol, hemocromatosis hereditaria, enfermedad de Wilson, déficit de alfa-1antitripsina, hepatitis autoinmune, colangitis biliar primaria, colangitis esclerosante primaria, etc. Si tenemos una hepatitis viral deberemos de remitirlo al Digestivo para que valore la indicación de tratamiento antiviral, en la B con Tenofovir o Entecavir, en la C con combinaciones de antivirales de acción directa, estando contraindicado combinaciones antivirales basadas en interferón pegilado, ya que existe un riesgo mayor para el desarrollo de infecciones o incluso de descompensaciones en pacientes con cirrosis hepática previamente compensada (estadio A5 de Child-Pugh).

En caso de enolismo activo, el paciente tendrá que dejar de beber alcohol, para ello, tendremos que ver si tiene síndrome de dependencia alcohólica. En ese caso, tendremos que iniciar tratamiento específico para ella, o bien, remitirlo a un Unidad de Salud Mental, para que le ayude, sin olvidar de los centros de drogodependencias provinciales específicos. Si se trata de una hemocromatosis hereditaria confirmada, deberemos iniciar tratamiento con flebotomias semanales hasta mejorar los parámetros relacionados con hierro y normalizar la bioquímica hepática.

Si tiene una enfermedad de Wilson, deberemos emplear tratamiento con D-penicilamina. Si tiene una hepatitis autoinmune, habrá que plantearse una biopsia hepática que la confirme, y valorar dependiendo del grado de leucopenia o no, si lo tratamos con Imurel o azatioprina como inmunosupresor, en caso de que sea diabético y no tenga leucopenia en el contexto de su hiperesplenismo o bien esteroides a dosis las más bajas posible, con calcio + vitamina D, dado que con frecuencia los pacientes cirróticos tienen osteopenia u osteoporo- sis, etc. En definitiva, deberemos iniciar tratamientos específicos para resolver o bloquear el agente etiológico/s que la generó.

La cirrosis hepática normalmente tiene signos claros cuando sometemos a este paciente a una ecografía abdomen: presencia de contornos hepáticos abollonados o irregulares, ecoestructura del parénquima hepática heterogenea, hepatomegalia, hipertrofia del lóbulo caudado, todos estos signos ecográficos sugieren cirrosis hepática. Además la cirrosis hepática puede tener signos de hipertensión portal, destacando la presencia de una dilatación de la vena porta (generalmente mayor de 12 mm), presencia de esplenomegalia (diámetro mayor de 13 cm del bazo), presencia de ascitis, presencia de derrame pleural derecho, pre- sencia de circulación colateral periesplénica, recanalización de la vena umbilical, etc.

Generalmente con estos datos puede ser suficiente para considerar que un paciente tiene una cirrosis hepática con criterios analíticos y ecográ ficos. Estos pacientes por hiperesplenismo pueden tener plaquetope- nia, leucopenia (bicitopenia) y/o anemia (pancitopenia); pueden tener alterado toda la bioquímica hepática, generalmente con cierto predominio colostásico con bilirrubina total generalmente normal o discretamente elevada.

Para valorar la función hepática se realiza el estadio de Child-Pugh, que se basa en 3 parámetros analíticos (bilirrubina total, albúmina sérica y tiempo de protrombina o INR) y 2 parámetros clínicos (pre- sencia y grado de encefalopatía hepática o de ascitis). También podemos valorarlo con la puntuación de MELD, basada en creatinina, bilirrubina total e INR. Un paciente que no tiene contraindicación para un trasplante, generalmente éste se puede plantear cuando tiene un estadio de Child-Pugh de al menos B7 o tiene un score en el MELD de 15 puntos.

Si un paciente con cirrosis hepática, tiene signos ecográficos de hipertensión portal o ha desarrollado un episodio de ascitis o tiene circulación colateral en la ecografía abdomen, se debe someter a una endoscopia oral para descartar varices esófago-gastricas, con objeto de establecer un tratamiento profiláctico para su rotura potencial con betabloqueantes, generalmente Propanolol 40 mg cada 12 horas, que se iría aumentando dosis gradualmente con incrementos progresivos cada 3 dias de 20 mg hasta que la frecuencia cardiaca esté en torno a 55 latidos por minutos y la bajada de tensión arterial sea tolerada por el paciente. Otros fármacos posibles son el nadolol o solgol o bien carvedilol 6,25 mg cada 12 horas.

Si el paciente ha sufrido ya un episodio de hemorragia digestiva alta, tendrá que someterse a programa de ligadura de varices o esclerosis (LEVE/EVE), además de iniciar tratamiento preventivo con betabloqueantes + dinitrato de isosorbide 20 mg/12 horas siempre que lo tolere éste hasta finalmente en diferentes sesiones erradicar las varices.

Existen casos de pacientes, que no toleran los betabloqueantes, y si tienen varices esofágicas grandes o bien pequeñas, pero estas últimas con puntos rojos de riesgo de rotura, se deberán incluir en programa de LEVE/EVE como profilaxis primaria.

En algunos casos los pacientes cirróticos, en los controles ecográficos que deben de ser indefinidamente cada 6 meses (semestrales) con objeto de descartar la presencia de lesiones ocupantes de espacio (LOEs), que pudieran ser hepatocarcinoma, se puede evidenciar la presencia de trombosis portal, generalmente en pacientes que previamente tenían signos de hipertensión portal asociado o no a episodios previos de hemorragia digestiva alta variceal. En ese caso, si el paciente tiene varices esofágicas grandes, debe iniciarse primero la profilaxis con betabloqueantes y posteriormente cuando esté correctamente betabloqueado, debemos iniciar tratamiento anticoagulante, generalmente con sintrom y control por laboratorio de Hematología del INR, o bien con heparinas de bajo peso molecular subcutánea, du- rante al menos 6 meses, para ver si se recanaliza. Se podrá controlar el efecto terapéutico del anticoagulante con ecografía abdomen doppler de control.

Los paciente cirróticos, a priori, deben ser vacunados de hepatitis B si la serología es negativa, mientras que si existen datos de infección pasada (antiHBc + y/o Anti-HBs +) no la precisarán. Se ponen 3 dosis: 0-1-6 meses.Es recomendable vacunarlos todos los inviernos de la gripe. Si ha tenido neumonía de repetición vacunarlos de la Prevenar.

En algunos casos, podemos solicitar en cirróticos los títulos anti-HBs para ver si ha alcanzado unas tasas de vacunación óptima. Si no alcanza las 10 UI/ml, se podrían revacunar con dosis doble. Si el paciente tiene una cirrosis con menos de 45 años, se puede indicar que sea vacunado también de la hepatitis A, además de la B.

En cirrosis hepática con enfermedades colostásicas (colangitis biliar primaria, colangitis esclerosante primaria, hepatitis autoinmune que haya precisado de esteroides durante largos perio- dos, por ejemplo, màs de 6 meses, aunque sea a dosis bajas), es conveniente solicitar una densitometría osea para descartar osteo- porosis u osteopenia. En caso de hallarse, se iniciará tratamiento mixto con calcio-vitamina D cada 12 horas y tratamiento con bi- fosfonato semanal.

Si el paciente tuviera ascitis leve ecográfica, puede ser suficiente con que el paciente haga una dieta baja en sal (evitar embutidos, como jamón, salcichón, chorizo, latas de conserva, queso viejo, todo tipo de envasado como alcachofas, espárragos o vinagre o kétchup). En su lugar deberán añadir ajo natural, perejil natural, limón natural, tomillo, orégano. No usar la sal sin sodio de los su- per ni usar ajo de bote. En casos que los pacientes tengan ascitis en la exploración, además de edemas maleolares, se deberá iniciar tratamiento con espironolactona 100 mg/dia por la mañana e ir in- crementando progresivamente cada semana con 100 mg más, hasta un máximo de 2 o 3 comprimidos al dia, controlando cada 15 días el valor de creatinina sérica y solicitando iones en orina, con obje- to de valorar que el paciente excreta adecuadamente el sodio en orina. Si incrementara la creatinina por encima de 1,7 mg/dl, habrá que bajar diuréticos. Si el paciente tiene edemas maleolares, también podemos asociar al aldactone, seguril, intentando de no sobrepasar de más de 2 comprimidos al dia y siempre por la mañana, para evitar que no esté orinando por la noche.

Siempre hay que monitorizar la creatinina y ocasionalmente el pH sanguíneo. Se puede prescribir tratamiento con Norfloxacino 400 mg/24 horas como profilaxis primaria de peritonitis bacteriana espontánea o bien si ha tenido ya un episodio previo. En este caso podríamos suspender el omeprazol. Por otra parte, el paciente si la ha sufrido tendría que proponerse para trasplante hepático, en caso de no existir contraindicación para ella.

Si el paciente hubiera sufrido un episodio de encefalopatía hepática por elevación del amonio sérico, lo normal es que se haya iniciado tratamiento con lactulosa si no es diabético (1-3 sobres al dia) y si es diabético con Lactitol (Emportal 1-3 sobres al dia), asociado en algunos casos a enemas de limpieza. Como profilaxis de nuevos episodios podríamos emplear Rifaximina a dosis de 2 comprimidos cada 8 horas, y el paciente si no existe contraindicación de trasplante hepático debería ser propuesto para él.

Capítulo 16: Lesiones ocupantes espacio hepáticas y hepatocarcinoma

Hoy en día, gracias a la variedad de pruebas diagnósticas de imagen de que disponemos, y especialmente la gran accesibilidad para el Digestivo y en algunos centros de salud, de la ecografía de abdomen, no es inusual el hallazgo incidental de una lesión ocupante de espacio hepática.

Puede variar desde lesiones benignas como quiste simple, quiste hidatídico, absceso hepático, hemangioma, hiperplasia nodular focal, hasta lesiones de corportamiento premaligno como el adenoma hepático, como lesiones malignas, que van desde el hepatocarcinoma o tumor primario más frecuente hepático como metástasis hepáticas de un primario.

La prueba diagnóstica más útil e inicialmente utilizada en patología digestiva es la ecografía de abdomen. Os adjunto a continuación, las medidas que deben tener las diferentes órganos valorados en un control ecográfico abdominal:

- Diámetro cráneo-caudal hepático debe ser inferior a 14 cm y el diámetro posterior hepático inferior a 12 cm.
- La grosor de la pared vesicular debe ser inferior a 4 mm.
- El diámetro del colédoco en pacientes no colecistectomizado debe ser inferior a 6 mm, mientras que en colecistectomiza- do inferior a 9 mm.
- Vías biliares intrahepáticas tienen que tener un diámetro inferior a 4 mm.
- La longitud del bazo debe ser inferior a 11 cm.
- La longitud del apéndice debe ser inferior a 6 mm y el grosor de su pared inferior a 2 mm.
- La longitud renal debe estar comprendida entre 10-12 cm.
- Las glándulas adrenales deben ser inferiores a 1 cm.
- El diámetro de la cabeza pancreática debe ser inferior a 3 cm y el cuerpo y cola inferior a 2,5 cm.
- El conducto pancreático o Wirsung debe ser inferior a 2 mm.
- El diámetro de la próstata debe no superar de 4,5 x 3,5 cm.
- Pared vesical debe ser inferior a 4 mm.
- El diámetro de la Aorta suprarrenal debe ser inferior a 2,5 cm e infrarrenal inferior a 2 cm.
- Diámetro de vena cava debe ser inferior a 2 cm.
- Diámetro de vena porta debe ser inferior a 13 mm.

- El diámetro de las venas suprahepáticas deben ser inferior a 7 mm.
- Diámetro de la vena esplénica debe ser inferior a 1 cm.

En cualquier prueba de imagen que se emplee contraste intravenoso (ecografía abdomen con potenciador o TAC multicorte con contraste intravenoso) se deben valorar 3 fases claramente definidas según la cronología en que va ocurriendo:

- Fase arterial precoz: que es la que se ve durante los primeros 30 segundos.
- Fase venosa portal: comprendida entre los 30 primeros segundos y los 3 minutos primeros (90 segundos).
- Fase venosa tardia: entre los 3 y 5 minutos desde que se inició la administración del contraste intravenoso.

Así tenemos las siguientes lesiones ocupantes de espacio:

Quiste simple hepático:
Es la lesión más frecuentemente encontrada, afectando mayormente a mujeres. Se evidencia en el 5% de las ecografías de abdomen realizadas. Pueden llegar a ser muy grandes (hasta 15-20 cm), pudiendo comprimir a estructuras adyacentes. Pueden darse en poliquistosis

hepática o hepático-renal. La mayoría son asintomáticos y constituyen un hallazgo incidental.

Se trata de una imagen anecoica, redondeada, de bordes lisos, pa- red imperceptible, y con refuerzo acústico. Se puede hacer control evolutivo del mismo, por si creciera. Es fundamental cuando se evidencia preguntar al paciente si tuvo contacto en infancia con perros y si es así solicitar serología hidatídica. En caso de ser positiva, se iniciará tratamiento con Eskazole y se propondrá a ci- rugía para intervención.

Si crece su diámetro y genera síntomas de compresión sobre estructura adyacentes como estómago, vía biliar, o genera síntomas de dolor o abultamiento abdominal, lo recomendable es realizar un aspirado del liquido intraquistico, para estudio anatomopatológico, microbiológico y proceder a realizar una esclerosis del mismo con alcohol u otros esclerosante. En caso de poliquistosis hepatorrenal, el paciente podría tener asociada una insuficiencia renal crónica que le puede llevar a la necesidad de hemodiálisis o trasplante re- nal. Se irá controlando la función hepática con el estadio de Child y en algunos casos pueden ser trasplantados de hígado y riñon a la vez.

Quiste hidatídico:

Existe una forma univesicular, similar al quiste simple, con una banda hiperecogénica rodeando a la lesión (zona periquística). Conforme evoluciona puede presentar tabiques (vesículas hijas). Se debe realizar estudio serológico y lo normal es que tenga que sea extirpado quirúrgicamente.

Hemangioma hepático:

Constituye la lesión benigna hepática más frecuentemente hallada. Normalmente no es mayor de 4 cm y ocasionalmente puede complicarse con trombosis o foco hemorrágica. Ecográficamente se muestra como una lesión hiperecogénica homogénea, con leve refuerzo acústico posterior. El TAC abdomen con contraste intravenoso muestra una masa hipodenso que se rellena con contraste, de forma globular, desde la periferia al centro (centrípeta).

La resonancia magnética con gadolinio normalmente lo confirma o la gammagrafía de hematíes marcados (captación tardía del trazador). En algunos casos pueden aumentar de tamaño, y salvo complicación sintomática, no se actua sobre ellos, salvo que haya dudas diagnósticas con adenoma o hiperplasia nodular focal. Puede haber varios a la vez.

Adenoma hepático:

Afecta fundamentalmente a mujeres entre 15-50 años. Su diámetro puede ser de varios centímetros hasta más de 10 cm. La biopsia del mismo suele mostrar una proliferación de hepatocitos con sinusoides entremezclados, sin componentes biliares y a menudo encapsulados.

El consumo de anticonceptivos con altas dosis de estró- genos o de esteroides anabolizantes y la glucogenosis-I incrementan su incidencia. Se caracteriza por la presencia de una masa heterogenea hipo o hiperecogénica en la ecografia. Sin embargo, en la TAC abdomen con contraste intravenoso suele ser iso o hipointenso con areas de hipodensidad o hiperdensidad secundario a necrosis o hemorragia, respectivamente.

La resonancia magnetica muestra imágenes hiperintensas en T2 con áreas heterogeneas secundaria a necrosis o hemorragia y con gadolinio suele presentar un realce de la masa tumoral. Si existe sospecha del mismo suele indicarse la cirugía, y la biopsia del mismo puede generar complicaciones como hemorragia intratumoral, intraperitoneal o ruptura del mismo.

Hiperplasia nodular focal:

Suele aparecer en mujeres, generalmente asintomático, de tamaños grandes y no suele precisar tratamiento quirúrgico. Se caracteriza por una cicatriz fibrosa e hipervascular central característica. Se presenta como una lesion lobulada, encapsulada, bien circunscrita, de tamaño variable, y pueden estar asociados a hemangiomas.

En la ecografia abdomen se evidencia una lesion bien definida, con una zona hiperecogéncia central del que parten septos, y en ocasiones, con Doppler presenta una zona central hipervascular. En el TAC es típico que tenga un centro hiperdenso en fase tardia al administrar el contraste intravenoso.

La resonancia magnetica con contraste intravenosa es la técnica diagnostica de elección, presentando un realce temprano de la masa con uno tardio en la cicatriz. Si no fuese típico el caso (Varón con clínica) se recomienda biopsiar. No suele crecer evolutivamente, a diferencia del adenoma. Normalmente solo precisa seguimiento sin necesidad de intervener.

Colangiocarcinoma intrahepático:

Es un tumor maligno infrecuente que afecta las vías biliares intrahepáticas, con dilatación de vías biliares intrahepáticas. Ecográficamente se evidencia como una masa hepática hiperecogénica y en la resonancia muestral una cicatriz central hipointensa en T2.

Metástasis hepática:

Es la lesión ocupante de espacio maligna más frecuente. Los tumores que con mayor frecuencia metastatizan en hígado son colon, mama y pancreas. Ecográficamente se evidencia como lesión hiperecogénica con un anillo hipoecoico (imagen en Diana). En el TAC abdomen con contraste intravenoso, las metastasis de colon se muestran como lesión hipodensa, mientras que sera hiperdensa en caso de tumor neuroendocrino.

Carcinoma fibrolamelar:

Es un tumor de bajo grado de malignidad, más típico de varones, entre los 20-40 años, sin evidencia de cirrosis hepática subyacente. Tiene una cicatriz central avascular y calcificaciones presentes en un 33% de los casos, calcificaciones que no suele presentar la hiperplasia nodular focal.

Hepatocarcinoma:

Puede presentarse de muchas formas: lesión ocupante de espacio única encapsulada asociada o no a nodulos satelites o tumor multicéntrico. Es un tumor hipervascular, que puede estar necrosado o con focos hemorrágicos y suele asentar en pacientes cirróticos, aunque también puede asentar en pacientes sin ella, como es el caso de hepatitis crónica por virus hepatitis B en paises asiáticos.

La ecografía abdomen muestral una lesión ocupante de espacio hiper o isoecogénica, a diferencia de los nodulos de regeneración cirróticos, que suelen ser hipoecogenicos y pueden asociarse a trombosis portal tumoral, que puede captar el contraste intravenoso.

La TAC abdomen se muestra como una masa que capta contraste en la fase arterial con áreas hipocaptantes por focos necróticos o hemorrágico, con lavado precoz en fase venosa. En la resonancia magnetica es hipointenso en T1 e hiperintenso en T2. Puede presentarse elevación del marcador tumoral alfafetoproteina, aunque este también puede estar presente en los colangiocarcinomas intrahepático, por lo que es poco específica.

Para su cribado precoz en pacientes cirróticos, lo que está recomendado es someter a estos pacientes a ecografías de abdomen de forma semestral.

A continuación, mostramos el protocolo o vía clinica que nosotros empleamos para los pacientes cirróticos:

A

Unidad de Hepatología. Servicio de Aparato Digestivo. Hospital J. Ramón Jiménez

PROTOCOLO LOE HEPÁTICA EN CIRRÓTICO

Nombre: _____ Edad_____ H.C._____

Médico responsable: Dr._____ Fecha de inclusión: (___/___/___)

Etiología_____ Antecedentes Familiares hepatocar.___ (S / N)

N° LOES hepáticas_____ Localización y diámetro LOE 1: segmento ___/____ cm.
Localización y diámetro LOE 2: segmento ___/____ cm.
Localización y diámetro LOE 3: segmento ___/____ cm.
Multicéntrico ( )
Otros datos:_____

TAMAÑO DE LOE MAYOR DIÁMETRO AL DGCO:_____

PRUEBA DE IMAGEN INICIAL_____ FECHA REALIZACIÓN (___/___/___)

SOLICITADO TAC o RMN dinámicas o ECO con potenciador de señal (S / N).

PATRÓN VASCULAR TÍPICO (S / N)
(Captación de contraste en fase arterial, seguido de lavado precoz en la fase venosa)

Alfafetoproteína _____ Enfermedades cardiovasculares_____
Enfermedad pulmonar_____
Enfermedad cerebrovascular_____
Otras neoplasias malignas sin remisión_____
Neoplasias en remisión o estables_____
Enfermedad renal_____ Creatinina_____ mg/dl

TROMBOSIS DEL EJE ESPLENO-PORTAL (S / N). Si trombosis: PARCIAL / COMPLETA.

CONTRAINDICADA CIRUGÍA O ANESTESIA (S / N)

1) ESTADIO DE CHILD-PUGH

Encefalopatía	Ninguna (1 punto)	Mínima (2 puntos)	Avanzada (3 puntos)
Ascitis	Ausente (1 punto)	Controlada (2 puntos)	Refractaria (3 puntos)
Bilirrubina (mg/dl)	< 2 (1 punto)	2-3 (2 puntos)	> 3 (3 puntos)
Albúmina (g/dl)	> 3,5 (1 punto)	2,8-3,5 (2 puntos)	< 2,8 (3 puntos)
T. protrombina (seg)	< 4 (1 punto)	4-6 (2 puntos)	> 6 (3 puntos)

CHILD-PUGH A: 5-6 puntos / CHILD-PUGH B: 7-9 puntos / CHILD-PUGH C: 10-15 puntos

HIPERTENSIÓN PORTAL___(S / N) DIÁMETRO V. PORTA_____mm

VARICES ESOFÁGICAS____(S / N) TAMAÑO VARICES: pequeñas /grandes
ANTECEDENTE ASCITIS_____

2) ESTADIAJE OKUDA

* Tamaño tumor	< 50% hígado	(0 puntos)	> 50% hígado	(1 punto)
* Ascitis	No	(0 puntos)	Si	(1 punto)
* Albúmina (g/dl)	Mayor o igual 3	(0 puntos)	Menor de 3	(1 punto)
* Bilirrubina (mg/dl)	< 3	(0 puntos)	Mayor o igual 3	(1 punto)

0 puntos---------- ESTADIO OKUDA I
1-2 puntos-------- ESTADIO OKUDA II
3-4 puntos-------- ESTADIO OKUDA III

PERFORMANCE STATUS

- Totalmente activo, vida normal, asintomático-------------------- PS ESTADIO 0.
- Escasos síntomas. Puede realizar actividades poco exigentes------- PS ESTADIO 1.
- Capacidad de autocuidarse. > 50 % horas del día puede realizar sus actividades diarias--- PS ESTADIO 2.
- Dificultades autocuidado. Vida cama-sillón > 50% horas del día--- PS ESTADIO 3.
- Totalmente limitado. Solo vida cama-sillón-------------------------- PS ESTADIO 4

Los pacientes hepatópatas crónicos con mayor riesgo de desarrollar hepatocarcinoma son los siguientes:

- Cirrosis hepática de cualquier etiología en estadio Child-Pugh A o B
- Cirrosis hepática en estadio Child-Pugh C, incluidos en lista de trasplante hepático
- Hepatitis crónica activa por el VHB sin cirrosis: varones asiáticos > 40 años, mujeres asiáticas > 50 años, africanos

> 20 años, antecedentes familiares de CHC o altos niveles de DNA-VHB

- Hepatitis crónica por VHC sin cirrosis pero con fibrosis avanzada (F3).

Este el protocolo diagnóstico actualmente aceptado:

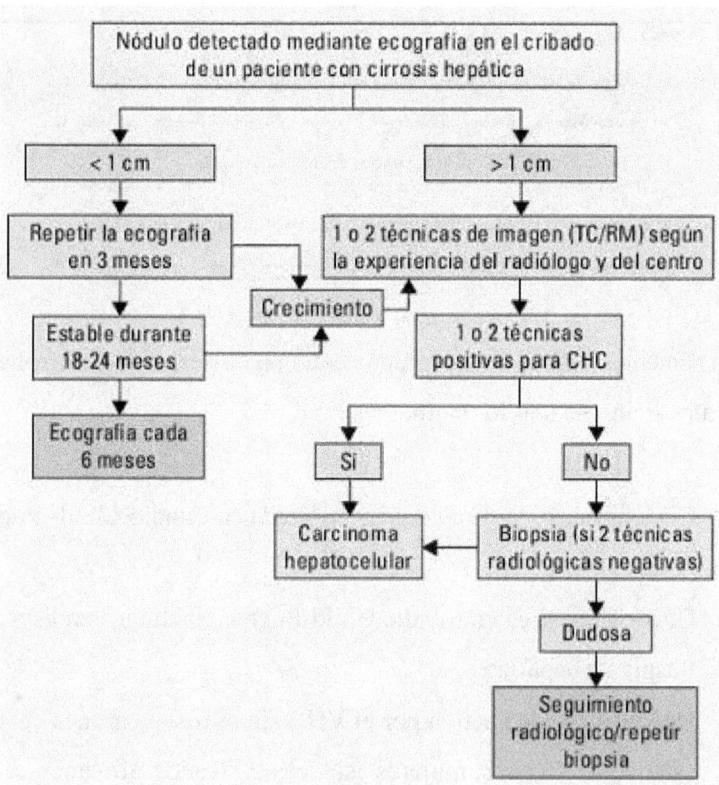

A continuación mostramos el sistema de estadificación de los hepatocarcinoma siguiendo la Barcelona Clinic Liver Cancer (BCLC):

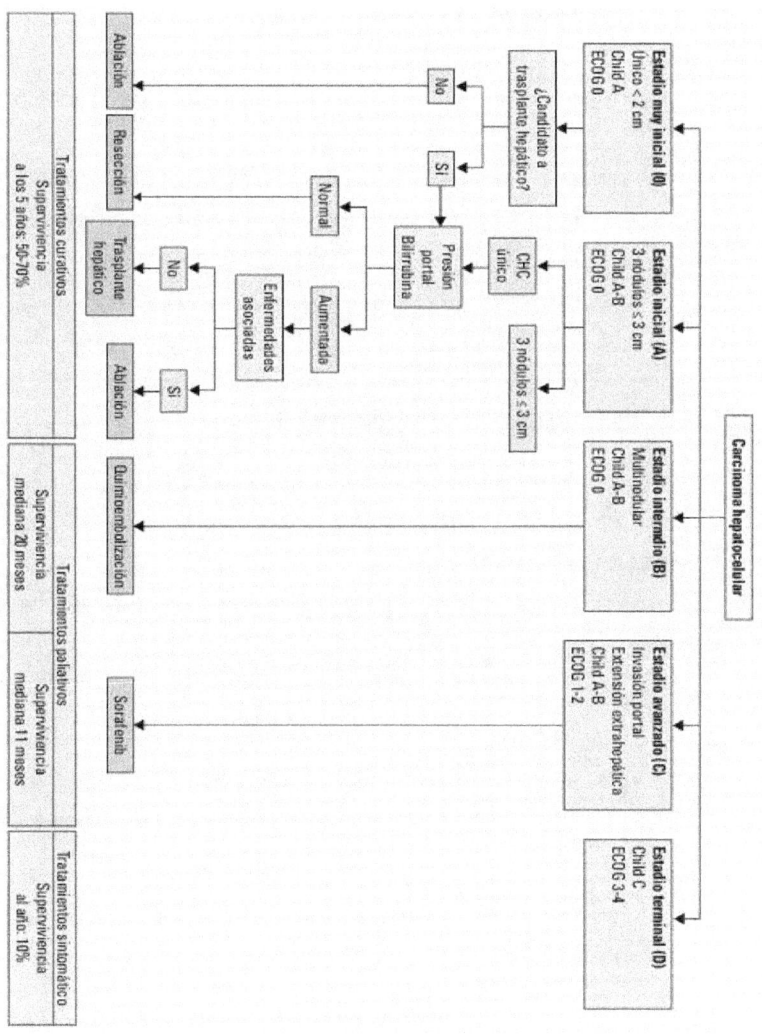

ESTADIAJE BARCELONA-CLINIC LIVER CANCER (BCLC)

❖ ESTADIO 0 BCLC:

PASO 1
Cirrosis hepática estadio A Child-Pugh
Performance Status estadio 0
LOE hepática única < 2 cm. (carcinoma in situ)

PASO 2
Hipertensión portal (S / N)
Bilirrubina total > 1 mg/dl (S / N)

A) Si AUSENCIA de todos los parámetros del PASO 2: *RESECCIÓN QUIRÚRGICA.*

B) Si alguno de los parámetros del PASO 2 está presente (S): **RESECCIÓN DESCARTADA.**

Se le ofertará a cambio:

- TRASPLANTE HEPÁTICO: ausencia de enfermedades que lo contraindiquen. Bajo riesgo quirúrgico o anestésico.
- RADIOFRECUENCIA o ALCOHOLIZACIÓN LOE: cirugía o anestesia contraindicadas o enfermedades graves.

❖ ESTADIO A BCLC (Estadio inicial):

- Cirrosis hepática estadio Child-Pugh A o B
- LOE hepática única menor o igual a 5 cm / Un máximo de 3 LOEs hepáticas < 3 cm (Criterios de Milán).
- PERFORMANCE STATUS ESTADIO 0.

OPCIONES TERAPEÚTICAS:

- LOE hepática < 5 cm + Estadio OKUDA I + Ausencia hipertensión portal+ bilirrubina normal------**ESTADIO A1 BCLC:** *RESECCIÓN QUIRÚRGICA.*

    Si existe contraindicación de cirugía o anestesia, o bien, enfermedades con alto riesgo quirúrgico, se ofertará ALCOHOLIZACIÓN o RADIOFRECUENCIA, en especial cuando su diámetro sea < 4 cm.

- LOE hepática < 5 cm + Estadio OKUDA I + HIPERTENSIÓN PORTAL+ Bilirrubina normal------**ESTADIO A2 BCLC:**
    a) TRASPLANTE HEPÁTICO: ausencia de enfermedades que lo contraindiquen. Bajo riesgo quirúrgico o anestésico.
    b) RADIOFRECUENCIA o ALCOHOLIZACIÓN LOE: cirugía o anestesia contraindicadas o enfermedades graves.

- LOE hepática < 5 cm + Estadio OKUDA I + HIPERTENSIÓN PORTAL + ELEVACIÓN BILIRRUBINA---**ESTADIO A3 BCLC:**
    a) TRASPLANTE HEPÁTICO: ausencia de enfermedades que lo contraindiquen. Bajo riesgo quirúrgico o anestésico.
    b) RADIOFRECUENCIA o ALCOHOLIZACIÓN LOE: cirugía o anestesia contraindicadas o enfermedades graves.

- MÁXIMO 3 LOEs hepáticas < 3 cm + Estadio OKUDA I-II ----**ESTADIO A4 BCLC:**

a) TRASPLANTE HEPÁTICO: ausencia de enfermedades que lo contraindiquen. Bajo riesgo quirúrgico o anestésico.
b) RADIOFRECUENCIA o ALCOHOLIZACIÓN LOE: cirugía o anestesia contraindicadas o enfermedades graves.

Tanto el trasplante hepático (TOH), como la radiofrecuencia, como la alcoholización percutáneas son tratamiento curativos con una tasa de supervivencia a los 5 años: 50-70%.

❖ ESTADIO B DE BCLC (Estadio intermedio):

- Cirrosis hepática estadio Child-Pugh A o B.
- PERFORMANCE STATUS Estadio 0.
- Estadio OKUDA I-II.
- VENA PORTA PERMEABLE.
- AUSENCIA DE DISEMINACIÓN NEOPLÁSICA EXTRAHEPÁTICA.
- AUSENCIA DE INSUFICIENCIA RENAL CLÍNICAMENTE SIGNIFICATIVA (creatinina < 1,4 mg/dl).
- COAGULOPATIA FACILMENTE CORREGIBLE CON VITAMINA K.
- No cumple criterios de Milán:
    * TUMOR MULTINODULAR con > 3 LOEs hepáticas
    * 3 LOES hepáticas con diámetro alguna de > 3 cm
    * LOE hepática única > 4 cm diámetro en el que el trasplante hepático, resección quirúrgica o anestesia estén contraindicada/as, alto riesgo quirúrgico, edad avanzada (> 70 años) con buena calidad de vida.

TERAPÉUTICA:

Si se cumplen todas y cada una de estos requisitos el paciente podrá ser tratado con QUIMIOEMBOLIZACIÓN por el Servicio de Radiología Intervencionista. El paciente será informado de riesgos y beneficios, teniendo que firmar un consentimiento informado. Se solicitará cita personalmente, presentando los datos clínicos y este protocolo al radiólogo, quien nos facilitará una fecha de citación, fecha en que el médico responsable deberá ordenar ingreso urgente el día previo a la sesión de quimioembolización. Supervivencia mediana: 20 meses. Es un tratamiento PALIATIVO.

Tras 24 horas de estancia para vigilancia del sd. Post-embolización (fiebre, íleo y dolor abdominal), será dado de alta, asegurándonos que sea dado de alta con cita para un TAC de abdomen C/C al mes de haber recibido la primera sesión de quimioembolización como control evolutivo de esta terapéutica. Los intervalos para las sucesivas sesiones de quimioembolización es de 3-4 meses.

❖ ESTADIO C DE BCLC (estadio avanzado):

- Cirrosis hepática estadio Child-Pugh A o B.
- Estadio de OKUDA I-II.
- PERFORMANCE STATUS I-II.
- Trombosis portal o invasión venas suprahepáticas (T3), invasión adenopática patológica (> 1 cm), conglomerados adenopáticos patológicos, no reactivos: (N),o bien, infiltración vesícula biliar o carcinomatosis o ascitis neoplásica (T4).

TERAPÉUTICA:
Se le puede ofertar el tratamiento paliativo con SORAFENIB, que tiene un supervivencia mediana de 11 meses. Es conveniente cursar Hoja de Consulta a Oncología Médica para que

Unidad de Hepatología. Servicio de Aparato Digestivo. Hospital J. Ramón Jiménez

valore la indicación de este tratamiento y valore necesidad ya de Unidad de Cuidados Paliativos. Elaborar ficha de paciente para el Hospital de Día, en caso de necesidad de paracentesis evacuadora de repetición en esta Unidad, elaborando un informe donde se especifique médico responsable, niveles de plaquetas y coagulación recientes, por si precisara previa a la paracentesis evacuadora transfusión de plaquetas o plasma.

❖ ESTADIO D DE BCLC (Estadio terminal):

- Cirrosis hepática estadio Child-Pugh C.
- PERFORMANCE STATUS estadio 3-4.
- Estadio de OKUDA III.
- Supervivencia al año: 10 %.
- Se informará a la familia que el pronóstico del paciente es muy malo y sólo es candidato a tratamiento sintomático. Digestivo le dará de alta, remitiéndolo a la Unidad de Cuidados Paliativos de Oncología.

CRIBADO DE HEPATOCARCINOMA:

Se realizará con ecografía de abdomen cada 6 meses en los pacientes con cirrosis hepática en estadio Child-Pugh A o B, así como casos seleccionados de Child-Pugh estadio C, que no tengan riesgo quirúrgico ni anestésico, y puedan ser candidatos razonables para un trasplante hepático, que sería la terapéutica para el hepatocarcinoma más efectiva, dado su mal pronóstico a corto plazo. Alfafetoproteína no es obligatoria, pero puede ayudar al diagnóstico en LOE > 2 cm.

SI ETIOLOGIA VHB CON REPLICACIÓN ACTIVA Y ES CANDIDATO A TRATAMIENTO CURATIVO O PALIATIVO, PERO NO SINTOMÁTICO:

En caso hallazgo de un hepatocarcinoma en un paciente con cirrosis hepática secundaria a hepatitis crónica VHB que vaya a ser candidato a tratamiento con trasplante hepático, iniciaremos tratamiento con antivirales con baja tasa de resistencia (Entecavir o Tenofovir) ajustado a la función renal. Control de DNA-VHB a las 12 y 24 semanas y controles trimestrales hasta ejecución del trasplante, en que será preciso negativizar la carga viral lo antes posible.

SI EL PACIENTE FUERA CANDIDATO A QUIMIOEMBOLIZACIÓN:

1) Asegurarse que no tiene insuficiencia renal.
2) Asegurarse que al vena porta no está trombosada o infiltrada en pruebas dinámicas realizadas en los 2 últimos meses antes de establecer la indicación.
3) Que el paciente no tenga trastorno de la coagulación severa. Valorar corrección con konakion.
4) Que sea informado de riesgos y acepte firmar consentimiento informado.
5) Tras cada sesión de quimioembolización, el médico de digestivo de planta deberá asegurar que ha sido citado para TAC o RMN c/c para dentro de 1 mes (no antes) como control evolutivo de tratamiento.

PAAF DE LOE HEPÁTICA

1) Sólo realizar en caso patrón vascular atípico de LOE > 2 cm en una prueba dinámica o en 2 pruebas dinámicas si LOE 1-2 cm.
2) Si coagulopatía que no normaliza con konakion, precisará antes de la PAAF transfusión de plasma en Hospital de Día (100 cc. /cada 10 kg peso). Un paciente de 80 kg (800 cc. plasma).
3) Si plaquetopenia < 50000, se recomienda transfusión de plaquetas antes de la PAAF en el Hospital de Día (1 unidad de plaquetas/cada 10 kg). Un paciente de 80 kg (8 unidades de plaquetas).
4) Deberá citarse al paciente para darle toda la documentación para el Hospital de Día: consentimiento informado para transfusión de plasma o plaquetas, solicitud para banco de sangre, hoja de evolución donde se especifica la causa de ingreso en Hospital de Día, hoja de tratamiento, avisar a la guardia de MI, una vez realizada la PAAF, para que de el visto bueno de alta por la tarde si no complicaciones post-PAAF.

SI QUIMIOEMBOLIZACIZACIÓN, RADIOFRECUENCIA O ALCOHOLIZACIÓN DE LOE HEPÁTICA

1ª SESIÓN DE _____ FECHA _____
FECHA DE TAC O RM _____ TAMAÑO LOE _____

2ª SESIÓN DE _____ FECHA _____
FECHA DE TAC O RM _____ TAMAÑO LOE _____

3ª SESIÓN DE _____ FECHA _____
FECHA DE TAC O RM _____ TAMAÑO LOE _____

4ª SESIÓN DE _____ FECHA _____
FECHA DE TAC O RM _____ TAMAÑO LOE _____

5ª SESIÓN DE _____ FECHA _____
FECHA DE TAC O RM _____ TAMAÑO LOE _____

FECHA FINAL TRATAMIENTO_____
RESPUESTA TERAPEÚTICA: Favorable (diámetro_____)

                               Sin cambios

                               Refractaria al tratamiento
                               (diámetro_____)

REMITIDO A UNIDAD DE TRASPLANTE HEPÁTICO POST-TTO (S/N).

OTROS COMENTARIOS O NOTAS:
_____
_____
_____
_____

En cuanto al tratamiento lo importante es detectar el hepatocarcinoma lo más precoz posible, que sea detectado lo más pequeño posible, para que podamos ofertar a nuestro paciente un tratamiento curativo (si no existe signos de hipertensión portal y la bilirrubina total es normal, podría ser candidato a cirugia resectiva, mientras que si alguno de estos parámetros está presente como elevación de la bilirrubina total o signos de hipertensión portal en la ecografía de abdomen, lo ideal será ofertarle un trasplante hepático si no es mayor de 65-67 años y no existen contraindicaciones para el mismo, algo que establecerá la Unidad de Pretrasplante hepático de Sevilla, Córdoba o Granada, o bien un tratamiento percutáneo con radiofrecuencia o microondas de la lesión, en caso de tener un riesgo quirúrgico o no ser trasplantable.

Para que una lesión pueda ser tratada con radiofrecuencia, lo importante es que no supere los 3,5 cm de diámetro, que no sea subcapsular ni esté adyacente a un gran vaso hepático. En ese caso, los resultados serán peores.

Si el paciente no puede ser trasplantado, operado o tratado con radiofrecuencia o alcoholización, que son tratamientos potencialmente curativos, la opción terapeútica que nos queda es la quimioembolización hepática, que la realizan los radiólogos intervencionista del hospital, y que consiste en una especie de cateterismo que hace por via femoral, y realiza una embolización vascular del tumor y deja tratamiento quimioterápico en el mismo tumor, generalmente con adriamicina u otros.

El objetivo es reducir el tamaño tumoral y necrosarlo. Una buena respuesta a la quimioembolización hepática es que en el control de imagen del TAC post-tratamiento la lesión no capte constraste intravenoso, ya que si lo hace es que queda tejido tumoral residual y debe seguirse sometiendo al paciente a nuevas sesiones terapeúticas de quimioembolización hepática, que generalmente se realizan mientras que no existan nuevos nódulos tumorales y no tenga signos de trombosis tumoral portal que evite la cateterización selectiva tumoral o bien, tenga metastasis a distancia.

En caso de que el paciente tenga metastasis a distancia, tenga trombosis tumoral portal o no haya respondido a tratamiento con quimioembolización, que es una terapeútica no curativa, sino paliativa, o bien el paciente no se encuentre descompesado con una función hepática (estadio A de Child-Pugh), se podrá optar bien por tratamiento con Sorafenib, que estará contraindicado si el paciente tiene cardiopatia isquemica, insuficiencia cardiaca, etc. Se trata de un tratamiento selectivo que bloquea la proliferación vascular del tumor y es solo con carácter paliativo. Puede tener como efecto secundario el síndrome mano-pie.

Los pacientes que estén con una función hepática terminal en estadio C de Child-Pugh con ascitis o tengan encefalopatia hepática se le dará soporte nutricional y lo recomendable es que sea valorado por la Unidad de Cuidados Paliativos, así como que apliques un tratamiento paliativo conservador para darle la suficiente analgesia, dado que el pronóstico en esta situación es de pocas semanas o meses.

FM Jiménez Macías

Capítulo 17: Manejo trasplantado hepático

Un trasplante hepático es un tratamiento que consiste en poner un hígado sano procedente de un donante cadaver o vivo, en un receptor que tiene un hígado que presenta una insuficiencia hepática severa aguda (fallo hepático fulminante) o crónico (cirrosis hepática terminal, generalmente en estadio B o C de Child-Pugh o MELD de al menos 15 puntos), que no presente contraindicaciones absolutas que lo impidan, y que supone un aumento de supervivencia potencial para ese paciente, de forma que si no se trasplantara, posiblemente podría fallecer en los próximos 6-9 meses siguientes. Como indicaciones para el trasplante hepático tenemos una lista variada:

- Cirrosis hepática (tipo hepatocelular)
- Cirrosis por virus C.
- Cirrosis por virus B.
- Cirrosis autoinmune.
- Cirrosis criptogenética.
- Cirrosis alcoholic en abstinencia de 6 meses.
- Cirrosis hepática (tipo colestasis crónica)
- Cirrosis biliar primaria.
- Colangitis esclerosante primaria.

- Atresia de vías biliares.
- Síndromes colestásicos familiares.
- Enfermedad de Caroli.
- Cirrosis biliar secundaria.
- Enfermedad de Wilson.
- Hemocromatosis.
- Déficit de Alfa 1 antitripsina.
- Esteatohepatitis no alcohólica.
- Tirosinemia.
- Hipercolesterolemia familiar homozigota.
- Protoporfiria eritropoyética.
- Enfermedad por depósito de glucógeno tipo IV.
- Síndrome de Budd Chiari.
- Enfermedad veno-oclusiva.
- Fallo hepático fulminante • Etiología viral. • Tóxico medicamentosa. • Enfermedad de Wilson. • Síndrome de Reye. • Indeterminada. • Traumatismos hepáticos y accidentes quirúrgicos
- Tumores hepáticos • Hepatocarcinoma. • Hepatoblastoma. • Hemangioendotelioma. • Metástasis de tumores neuroendocrinos.

Las indicaciones para trasplantar a los pacientes son las siguientes:
- Pacientes con disfunción hepática en grado igual o mayor a la categoría B-8 de Child-Pugh7 o puntuación MELD1 igual o mayor a 15.
- Pacientes con ascitis:
  - Ascitis de difícil control tras la administración de diuréticos.
  - Hidrotórax refractario.
  - Antecedentes de peritonitis bacteriana espontánea.
  - Malnutrición grave.
  - Síndrome Hepatorrenal.
  - Reducción del tamaño hepático.
- Pacientes con encefalopatía hepática. • Aguda y episódica, sobre todo sin factores precipitantes. • Crónica: cuando condiciona una mala calidad de vida.
- Pacientes con hemorragia por varices esofágicas. • Grupo C de Child: en todos los casos. • Grupo B de Child: criterios no bien establecidos. Valoración individualizada. Como regla general, se espera conseguir la hemostasia an- tes de valorar a los pacientes como candidatos a trasplante.

- Pacientes con Síndrome Hepatopulmonar.
- Cirrosis de causa viral:
  - La elección del momento debe basarse en los mismos criterios referidos previamente.
  - Virus B: debe tratarse la replicación viral B pretrasplante con un aná- logo de nucleósidos/nucleótidos potente, pero no es una contraindicación absoluta. • Virus C: la replicación vi- ral C es casi constante. Se admite como condición de dificultad por la probabilidad elevada de reinfección del injerto, pero no es una contraindicación.

- Cirrosis de causa alcohólica: • La elección del momento debe basarse en los mismos criterios aplicados a otras causas de cirrosis. Se aconseja un periodo de abstinencia superior a 6 meses, pero no hay un tiempo mínimo homologado sobre ba- ses científicas, por lo que la decisión debe ser individualizada y estar apoyada en el informe psicológico o psiquiátrico, y en la situación sociofamiliar.

- Colangitis biliar primaria con: • Cifras de bilirrubina superiores a 6 mg/dl. • Albúmina sérica inferior a 2.5 g/l. • Hemorragia digestiva alta por hipertensión portal. • Signos de insuficiencia hepatocelular: B y C de Child. • Ascitis. • Prurito intratable. • Mala calidad de vida. • Enfermedad ósea grave. Baremo de la Clínica Mayo (Índice > 7.5): basado en la combinación de cinco variables: bilirrubina, albúmina, protrombina, edad y edemas/ascitis.

- Colangitis esclerosante primaria. A. Criterios generales: 61 • Los mismos que para la cirrosis biliar primaria. • Colangitis recurrente. Baremo de la Clínica Mayo7 : basado en la combinación de cuatro variables: bilirrubina, estadío histológico, edad y esplenomegalia.
- Hepatocarcinomas. Si cumplen los llamados criterios de Milán:

    • Tumor único inferior o igual a 5 cm.

    • Multinodular de no más de 3 nódulos. Diámetro del nódulo mayor debe ser inferior a 3 cm.

    • Ausencia de extensión tumoral extrahepática.

    • Ausencia de invasión tumoral de grandes vasos abdominales.
- Hepatoblastoma y hemangioendotelioma epitelial: valoración individualizada.
- Metástasis de tumores neuroendocrinos: valoración individualizada.

- Colangiocarcinomas: sólo en ensayos clínicos controlados.

Se tendrán como criterios de fallo fulminante agudo con indicación de trasplante hepático:

- Criterios del King's College. con intoxicación por paracetamol:
    a) pH arterial inferior a 7.3, independientemente del grado de encefalopatía.
    b) Tiempo de protrombina mayor de 100 segundos (INR > 6.5) más creatinina sérica > 3,4 mg/dl en pacientes con encefalopatía III/IV.
- Cuando no se debe al consumo de paracetamol:
    1. Tiempo de protrombina superior a 100 segundos (INR > 6.5), independientemente del grado de encefalopatía
    2. Tres o más de los siguientes criterios:
        - Edad menor de 10 o mayor de 40 años.
        - Etiología indeterminada, tóxica o halotano.
        - Intervalo ictericia-encefalopatía mayor a 7 días.
        - Cifras de bilirrubina superiores a 15 mg/dl.
        - Tiempo de protrombina mayor de 50 segundos (INR > 3.5).

Son contraindicaciones absolutas para un trasplante hepático:

- Alcoholismo activo (o abstinencia < 3 m)
- Drogadicción i.v. activa
- SIDA
- Insuficiencia cardíaca
- Enfermedad pulmonar de riesgo grave
- Hepatoma con > 5 cm o > 3 nódulos de 3 cm de diámetro.
- Neoplasia extrahepática
- Trombosis extensa del eje esplenomesentérico
- Enfermedad psiquiátrica grave
- Sepsis de origen extrahepático
- Enfermedad neurológica grave
- Imposibilidad técnica del trasplante
- Edema cerebral grave
- Fallo multiorgánico (IHAG) (IHAG)

PACIENTES CON CRITERIOS DE PREFERENCIA:

A) Pacientes con Insuficiencia Hepatocelular y una puntuación MELD igual o superior a 15 puntos:

• Si la puntuación MELD es de 15-17 puntos serán incluídos en LE electiva, y solo accederán a la lista preferente local cuando en los controles, que deben realizarse a intervalos máximos de 3 meses, se alcance la puntuación mínima de 18 puntos y pasarán a LE preferente común cuando alcancen los 21 puntos.

• Si la puntuación MELD basal es 21 o superior serán incluídos directamente en LE preferente común.

• La periodicidad mínima en la actualización de la puntuación MELD, en el caso de los pacientes preferentes por insuficiencia hepatocelular, será: - cada 90 días, si están en LE electiva - cada 30 días, si están en LE local y común.

B) Pacientes con Hepatocarcinoma, se distinguen 2 grupos:

• Hepatocarcinomas de alto riesgo: uninodulares entre 3 y 5 cm y multinodulares (hasta un máximo de tres nódulos de no más de 3 cm) con una Alfa-fetoproteina mayor o igual a 200 ng/ml.

Estos pacientes entran en LE electiva con una puntuación equivalente a 15 puntos de MELD, debiendo pasar 3 meses, sin posibilidad de trasplante en LE electiva, para poder acceder a LE preferente local. En la LE electiva se les irá sumando 1 puntos/mes, de modo que si no se trasplantan en LE electiva en los 3 meses preceptivos para entrar en LE preferente local, en el momento de acceder tendrán ya una puntuación de 18 puntos, llegarán a lista preferente común cuando alcancen 21 puntos (1 punto/mes) pudiendo llegar hasta los 24 puntos como máximo, una vez lleven 6 meses en LE preferentes.

- Hepatocarcinomas de bajo riesgo:

  Uninodulares menores de 3 cm. Estos pacientes entran en LE electiva con una puntuación equivalente a 15 puntos de MELD, debiendo pasar 12 meses, sin posibilidad de trasplante en LE local, para poder acceder a LE preferente local.

En la LE electiva se les irá sumando 1 punto cada 4 meses, de modo que si no se trasplantan en LE electiva en los 12 meses preceptivos para entrar en LE preferente local, en el momento de acceder tendrán ya una puntuación de 18 puntos. En esta lista sumarán un punto por cada dos meses de permanencia, llegarán a lista preferente común con 24 puntos pudiendo llegar hasta los 12 puntos como máximo, una vez lleven 10 meses en listas preferentes.

Indicaciones especiales en las que se acuerda que entren en LE electiva con MELD de 15, y que accederán a LE preferente local al cabo de 9 meses en LE preferente local sin posibilidad de trasplante, sumando 95 un 1 punto cada 3 meses.

A la LE preferente local accederán con una puntuación equivalente a un MELD de 18 e irán sumando 1 punto cada 2 meses de permanencia en LE preferente llegando a lista preferente común cuando alcancen 21 puntos, hasta un máximo de 23 puntos:

1. Síndrome hepatorrenal tipo 1 tratado, con buena respuesta y MELD < 15 puntos tras superar el mismo
2. Síndrome hepatorrenal tipo 2 y ascitis
3. Hidrotórax recidivante no controlable con tratamiento diurético
4. Síndrome Hepatopulmonar con PaO2 < 60 mmHg
5. Hipertensión porto-pulmonar severa (PAPm > 45 mmHg) tratada farmacológicamente y con buena respuesta hasta niveles que hagan posible el trasplante hepático
6. Encefalopatía hepática sin factores precipitantes, crónica o recidivante, que suponga una limitación importante en su calidad de vida.
7. Síndrome de Budd-Chiari
8. Colangiocarcinoma
9. Fibrosis quística

10. Rendu-Osler-Weber
11. Hiperoxaluria primaria
12. Poliquistosis hepática
13. Prurito intratable
14. Colangitis bacteriana recurrente
15. Hemorragia digestiva por hipertensión portal refractaria
16. Síndrome small for size post-TH
17. Tumores hepáticos infrecuentes
18. Enfermedades metabólicas
19. Amiloidosis familiar (salvo que se vaya a realizar un trasplante domino).

En el caso de los incluidos por la siguiente indicación especial: Síndrome hepatorrenal de tipo 1: Se recomienda el tratamiento médico antes de proceder al TH, pero una vez obtenida respuesta, aunque mejore la puntuación MELD, se respetará a efectos de prioridad en la lista de espera preferente, la puntuación MELD que el paciente tenía antes de ser tratado. Ascitis refractaria con necesidad de dos o más parecentesis evacuadoras al mes.

Cuando lleven más de 1 mes en LE electiva, serán puntuados mediante la fórmula del MELD-Na con periodicidad mensual. En el momento en el que alcancen 18 o más puntos se incluirán en lista preferentermente local, debiéndose actualizar la puntuación cada 30 días (de modo que si su MELD-Na es inferior a 18 podrían volver a electiva).

Una vez que pasen los 9 meses desde que entraron en LE electiva, se les dará la prioridad más favorable para ellos, bien la de la puntuación MELD-Na o bien la resultante del tiempo en lista preferente local y común como en el resto de las indicaciones preferentes especiales (18 puntos + 1 punto/2 meses en LE local y común).

De forma sintética, para las ascitis refractarias, el algoritmo sería:
- 0-3 meses en LE electiva con prioridad = 15 puntos.
- 3-9 meses desde que entró en LE electiva, se calcula su puntuación MELD-Na, que si alcanza los 18 puntos pasa a LE preferente local, en la que permanece mientras su puntuación sea de 18 o más puntos, debiendo actualizarse la puntuación de forma mensual.

- A partir de los 9 meses desde que entró en LE electiva, siempre estará en LE preferente local con una prioridad equivalente a lo más favorable (bien la puntuación MELD-Na o bien los 18 puntos + 1 punto/2 meses en LE preferente, como el resto de indicaciones preferentes especiales).

Los pacientes con polineuropatía amiloidótica familiar en los que se va a realizar un trasplante dominó: se acuerda que accedan a un sistema de priorización especial a nivel local.

A estos pacientes se les dará prioridad para que puedan ser trasplantados con el primer donante o sucesivos (quedará a criterio del equipo decidir la aceptación del donante) que se generen en el propio hospital del paciente, independientemente de que haya pacientes en LE preferente común, salvo que alguno tenga una Insuficiencia Hepatocelular con un MELD de 24 o superior, en cuyo caso prevalecerá la preferencia común.

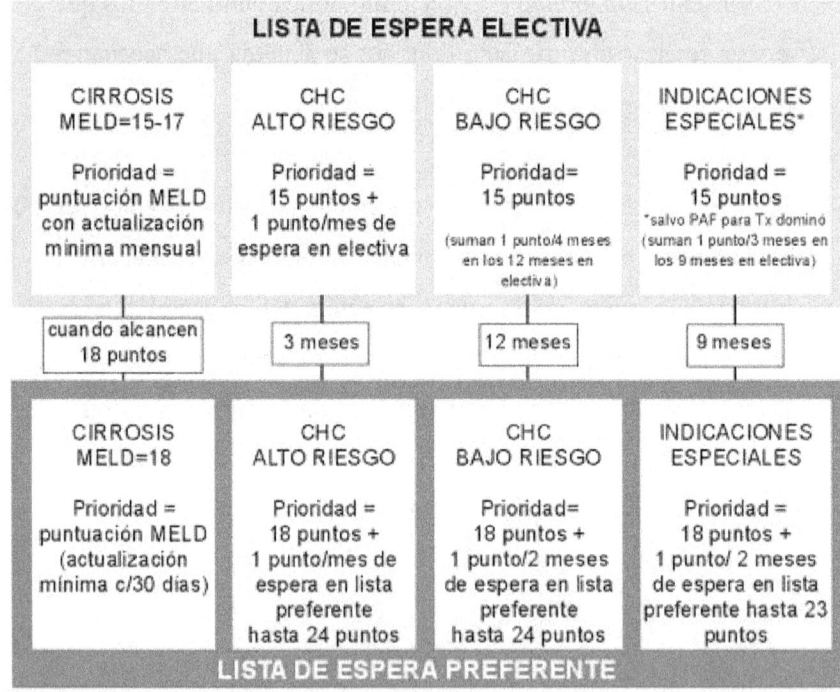

Referencias bibliográficas

1. Guía de Asociación Española de Gastroenterologia para cáncer de colon y pólipos.
2. Guía ESMO de tumores digestivo.
3. Protocolos libros AEG.
4. Kamath PS, Kim WR; Advanced Li¬ver Disease Study Group. The model for end-stage liver disease (MELD). Hepatology. 2007; 45(3):797-805.
5. Documento de Consenso de la Sociedad Española de Trasplante Hepático. Lista de espera, trasplante pediátrico e indicadores de calidad. Gastroenterol Hepatol. 2009;32(10):702-16.
6. Gracia M, Fernández García E, Álvarez Benito M et al. Consejería de Salud. Guía de diseño y mejora continua de procesos asistenciales in¬tegrados. 2ª ed. Sevilla. Junta de An¬dalucia, 2009.
7. http://www.juntadeandalucia.es/agenciadecalidadsanitaria/ observatorioseguridadpaciente/ gestor/ sites/ PortalObservatorio/ es/ menu/ practicasSeguras/ Practicas_seguras_en_ Cirugia_y_Anestesia. (Acceso 17 de Julio de 2010).
8. Dobbels F, Vanhacecke J, Du¬Pont L; Pretrasnsplant Predictors of Posttransplant Adherence and Clini¬cal Outcome: an evi

dence base for pretransplant psychosocial screening. Transplantation 2009;87:1497-1504

9. De Blaser L, Matteson M, Dobbels F, Russell C and De Gest Sabina. Interventions to improve medication-adherence after transplantation: a systematic review. European Society for Organ Transplantation 2009, 780-97.

10. Trasplante Hepático. J. Berenguer, P. Parrilla. 2008 Elsevier España. ISBN: 978-84-8086-310-0. 191 8. O'Leary JG, Lepe R, Davis GL. Indications for Liver Transplantation. Gastroenterology. 2008; 134 (6):1764-76.

11. Murray KF, Carithers RL Jr; AASLD. AASLD practice guidelines: Evaluation of the patient for liver transplantation. Hepatology. 2005; 41(6):1407-32.

12. Prieto M, Aguilera V, Berenguer M, Pina R, Benlloch S. Candidate selection for liver transplantation. Gastroenterol Hepatol. 2007; 30(1):42-53. 11. Neuberger J, Gimson A, Davies M, Akyol M, O'Grady J, Burroughs A, Hudson M; Liver Advisory Group; UK Blood and Transplant. Selection of patients for liver transplantation and allocation of donated livers in the UK. Gut. 2008 Feb; 57(2):252-7.

13. De la Mata M, Cuende N, Huet J, Bernardos A, Ferrón JA, Santoyo J, Pascasio JM, Rodrigo J, Solórzano G, Martín-Vivaldi R, Alonso M. Model for end-stage liver disease score-based allo

cation of donors for liver transplantation: a spanish multicenter experience. Transplantation. 2006 Dec 15; 82(11):1429-35.

14. Freeman RB. Model for end-stage liver disease (MELD) for liver allocation: a 5-year score card. Journal of Hepatology.

15. 2008;47(3):1052-7. 14. Mazzaferro V, Chun YS, Poon RT, Schwartz ME, Yao FY, Marsh JW, Bhoori S, Lee SG. Liver transplantation for hepatocellular carcinoma. Ann Surg Oncol. 2008;15(4):1001-7.

16. Bruix J, Sherman M; Practice Guidelines Committee, American Association for the Study of Liver Diseases. Management of hepatocellular carcinoma. Hepatology. 2005;42(5):1208-36.

17. Moorhead S, Johnson M, Clasificación de Resultados Enfermeros (NOC), Cuarta Edición. Elsevier España. Barcelona 2009 17. P. Treatment of HCC in patients awaiting liver trans- plantation. Am J Transplant. 2007;7(8):1875-81.

18. Forner A, Ayuso C, Isabel Real M, Sastre J, Robles R, Sangro B, Varela M, de la Mata M, Buti M, Martí-Bonmatí L, Bru C, Tabernero J, Llovet JM, Bruix J. Diagnosis and treatment of hepatocellular carcinoma. Med Clin (Barc). 2009 Feb 28; 132(7):272-87.

19. E. Fraga, P Barrera, M de la Mata. Tratamiento de la insuficiencia hepatica avanzada en lista de espe¬ra. Gastroenterología y Hepatología 2009;32:57-65. 192 20. Garcia-Tsao G, Lim JK; Members of Veterans Affairs Hepatitis C Resource Center Program. Management and treatment of patients with cirrhosis and portal hypertension: recommenda¬tions from the Department of Veterans Affairs Hepatitis C Resource Center Program and the National Hepatitis C Program. Am J Gastroenterol. 2009 Jul;104(7):1802-29.

20. Ley 5/2003, de 9 de octubre, de declaración de voluntad vital anticipada. BOE núm. 279:41231-41234 22. Bulechek GM, Butcher HK, Mcloskey Dochterman J. Clasificación de intervenciones de enfermería (NIC). Quinta Edición. Elsevier Mosby. Barcelona. 2009 23. Prieto M, Aguilera V, Berenguer M. Profilaxis de la hepatitis B después del trasplante hepático y tratamiento de la recidiva. Gastroenterología y Hepatología. 2006; 29 (Supl 2): 65-71 24.

21. Bárcena R. Berenguer J. Bruguera M. Garcia M. Rodrigo L.. Trasplante Hepático, Manejo del paciente en lista de espera. Tratamiento de las enfermeddes hepáticas y biliares. Eds. Madrid: ELBA, s.a. 2001: 425-32. 25. Pares A. Berenguer J. Bruguera M.

Garcia M. Rodrigo L. Cirrosis biliar Primaria. Tratamiento de las enfermedades hepaticas y biliares. Eds. Madrid: ELBA, s.a. 2001: 221-28.

22. Fraga P. Barrera P. De la Mata M. Tratamiento de la resistencia al VHB. Gastroenterología y Hepatología 2003; 26 (6): 355-75.

27. Fernandez JL. Suarez MA. Santoyo J. Tratamiento agresivo de las complicaciones arteriales del trasplante hepático .Impacto sobre la supervivencia y las complicaciones biliares. Cirugía Española. 2010, 87 (3): 155- 58.

23. Guidekines for vaccination of Solid Organ Trasplant Candidates and Recepients. Am J transplant 2004; 4 (Suppl 10): 160-3. American Society of Trasplantation

24. Yélamos J. Parrilla P. Ramirez P. Rios A. Los anticuerpos monoclonales . Nuevos agentes terapéuticos en trasplante. Manual sobre donación y trasplante de organos. Ediciones SL. 2008: 637-45

25. Pons A. Inmunosupresión en el trasplante de órganos. Arán Ediciones S.L. 2008: 629-36.

26. Lavanchy D. Evolving epidemiology of hepatitis C virus. Clin Microbiol Infect 2011;17:107–115.

27. Arase Y, Kobayashi M, Suzuki F, Suzuki Y, Kawamura Y, Akuta N, et al. Effect of type 2 diabetes on risk for malignan

cies includes hepatocellular carcinoma in chronic hepatitis C. Hepatology 2013;57:964–973.

28. van der Meer AJ, Veldt BJ, Feld JJ, Wedemeyer H, Dufour JF, Lammert F, et al. Association between sustained virological response and all-cause mortality among patients with chronic hepatitis C and advanced hepatic fibrosis. JAMA 2012;308:2584– 2593.

29. Alsop D, Younossi Z, Stepanova M, Afdhal NH. Cerebral MR spectroscopy and patient-reported mental health outcomes in hepatitis C genotype 1 naive patients treated with ledipasvir and sofosbuvir. Hepatology 2014;60:221A.

30. European Association for the Study of the Liver. EASL Clinical Practice Guidelines: management of hepatitis C virus infection. J Hepatol 2011;55:245–264.

31. Antaki N, Craxi A, Kamal S, Moucari R, Van der Merwe S, Haffar S, et al. The neglected hepatitis C virus genotypes 4, 5, and 6: an international consensus report. Liver Int 2010;30:342–355.

32. Shah VH. Alcoholic liver disease: the buzz may be gone, but the hangover remains. Hepatology 2009;51:1483–1484.

33. Gao B, Bataller R. Alcoholic liver disease: pathogenesis and new therapeutic targets. Gastroenterology 2011;141:1572–1585.

34. Guyatt GH, Oxman AD, Kunz R, Falck-Ytter Y, Vist GE, Liberati A, et al. Going from evidence to recommendations. Br Med J 2008;336:1049–1051.

35. Rehm J, Mathers C, Popova S, Thavorncharoensap M, Teerawattananon Y, Patra J. Global burden of disease and injury and economic cost attributable to alcohol use and alcohol-use disor- ders. Lancet 2009;373:2223–2233.

36. WHO, European Status Report on Alcohol and Health 2010. Copenhagen: WHO Regional Office for Europe; 2010. [6] Anderson HR, Baumburg B. Alcohol in Europe. A public health perspective. London: Institute of Alcohol Studies; 2006.

37. Roulot D, Costes JL, Buyck JF, Warzocha U, Gambier N, Czernichow S, et al. Transient elastography as a screening tool for liver fibrosis and cirrhosis in a community-based population aged over 45 years. Gut 2010;60:977–984

Notas

www.ingramcontent.com/pod-product-compliance
Lightning Source LLC
Chambersburg PA
CBHW060820170526
45158CB00001B/37